职业教育省级示范教学改革成果系列教材

数控车加工预备技师工作页

主　编　黄春耀　赖文辉

副主编　丰　飞　曾　艳

参　编　赖永芳　郑坤华　丘友青　陈智鹏

西安电子科技大学出版社

内 容 简 介

　　本书的编写以培养生产一线技术应用型人才为出发点,并结合了数控车床加工一体化教学的要求。

　　本书共有 9 个学习任务,包括:锥配三件套的加工、活塞三件套的加工、螺纹三件套的加工、球配四件套的加工、整机几何精度的检测、数控机床常见故障诊断与维修、车间生产管理"6S"的有关知识、预备技师试题库(含参考答案)、数控车工技师论文写作与答辩要点。书末附有两个附录。本书针对每个学习任务安排工作流程与活动,逐一制定学习目标,设置学习过程,通过学习达到知识目标和技能目标。

　　本书可供数控车加工预备技师使用,也可供有关机械工程技术人员参考。

图书在版编目(CIP)数据

数控车加工预备技师工作页 / 黄春耀,赖文辉主编. —西安:西安电子科技大学出版社,2020.7
ISBN 978–7–5606–5700–4

Ⅰ. ① 数… Ⅱ. ① 黄… ② 赖… Ⅲ. ① 数控机床—车床—加工工艺—高等职业教育—教材

Ⅳ. ① TG519.1

中国版本图书馆 CIP 数据核字(2020)第 081389 号

策划编辑　　李伟
责任编辑　　腾卫红　　阎彬
出版发行　　西安电子科技大学出版社(西安市太白南路 2 号)
电　　话　　(029)88242885　88201467　　　　　邮　　编　　710071
网　　址　　www.xduph.com　　　　　　　　　电子邮箱　xdupfxb001@163.com
经　　销　　新华书店
印刷单位　　陕西天意印务有限责任公司
版　　次　　2020 年 7 月第 1 版　　2020 年 7 月第 1 次印刷
开　　本　　787 毫米×1092 毫米　　　1/16　　　印张 10.5
字　　数　　246 千字
印　　数　　1~2000 册
定　　价　　30.00 元
ISBN　　978–7–5606–5700–4 / TG
XDUP 6002001–1
如有印装问题可调换

前　言

　　人才是我国经济社会发展的第一资源，技能型人才是人才队伍的重要组成部分。"没有一流的技工，就没有一流的产品"，技能型人才在推进自主创新方面具有不可替代的重要作用。目前正是我国加快转变经济发展方式、推进经济结构调整以及大力发展高端制造产业等新兴战略性产业的关键时期，迫切需要培养一大批具有精湛技能和高超技艺的技能人才。为此，我们编写了此书。

　　1. 本书的内容

　　本书共有 9 个学习任务，分别是：锥配三件套的加工、活塞三件套的加工、螺纹三件套的加工、球配四件套的加工、整机几何精度的检测、数控机床常见故障诊断与维修、车间生产管理"6S"的有关知识、预备技师试题库(含参考答案)、数控车工技师论文写作与答辩要点。书末附有《福建省技师、高级技师职业资格考评申报表样表》《数控车削加工及调试常用词汇英汉对照表》两个附录。

　　2. 本书的特色

　　(1) 本书根据数控加工专业毕业生所从事岗位的实际需要和教学实际情况的变化，合理确定学生应具备的能力与知识结构，充分考虑教材的适用性，选择当今数控教学中广泛使用的数控系统，如 FANUC 0i 系统。

　　(2) 本书涵盖国家职业标准，与职业技能鉴定要求相衔接。

　　(3) 本书采用一体化教学模式，做好教学服务工作。

　　3. 本书适用的对象

　　本书既可供数控车加工预备技师使用，也可供有关机械工程技术人员参考。

　　4. 本书参编人员

　　本书由福建省龙岩技师学院黄春耀、赖文辉担任主编，丰飞、曾艳担任副主编，参与编写的人员有赖永芳、郑坤华、丘友青、陈智鹏。

　　由于时间仓促，编者水平有限，书中难免存在不妥之处，恳请广大读者给予批评指正。

编　者

2020 年 2 月

目　　录

学习任务一　锥配三件套的加工

学习目标

(1) 能独立阅读生产任务单，正确分析锥配三件套零件图样，正确识读锥配三件套工艺卡，制定合理的工作进度计划。

(2) 能根据零件图样，结合生产现场条件，查阅切削手册，确定零件的加工方法和加工路线，选定加工刀具并确定切削用量，规范地填写锥配三件套零件的车削加工工序卡。

(3) 能根据零件图的几何尺寸设定坐标系，进行数值计算，计算出编程时所需要的各点坐标值，选定刀位数据。

(4) 能根据刀具运动轨迹坐标值、选定的刀具切削参数和确定的加工顺序编写加工程序。

(5) 能根据锥配三件套图样工艺要求，正确规范地领取材料和工、量、刃、夹具。

(6) 能根据操作提示，严格按照机床操作规程完成锥配三件套零件的加工，对加工完成的零件进行质量检测，并对加工中出现的问题提出改进措施。

(7) 能按国家环保相关规定和安全文明生产要求整理现场，合理保养维护工、量、刃、夹具及设备，正确处置废油液等废弃物；能严格按照车间管理规定，正确规范地交接班和保养车床。

(8) 能正确规范地选择和使用工、量具检测锥配三件套的整体质量，根据检测结果，分析误差产生的原因，并提出改进措施。

(9) 能主动获取有效信息，对学习与工作进行反思与总结，并能与他人开展良好合作，进行有效的沟通。

建议学时

28 学时。

工作情境描述

某单位业务部门接到一批锥配三件套的订单，数量为 30 套，工期为 5 天，客户提供样件、图样和材料。现生产部门安排我机械加工组完成此加工任务。

(1) 锥配三件套装配图如图 1-1 所示。

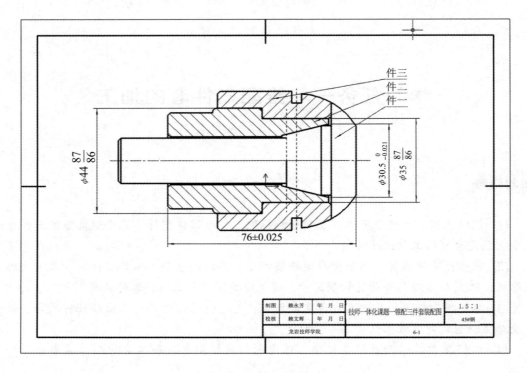

图 1-1　锥配三件套装配图

(2) 连接轴图样如图 1-2 所示。

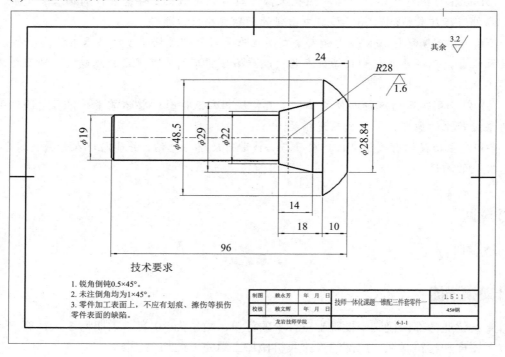

技术要求

1. 锐角倒钝0.5×45°。
2. 未注倒角均为1×45°。
3. 零件加工表面上，不应有划痕、擦伤等损伤零件表面的缺陷。

图 1-2　连接轴图样

(3) 锥套图样如图 1-3 所示。

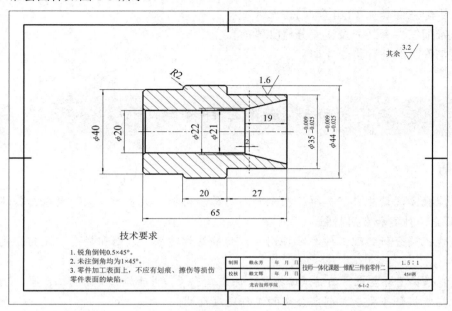

图 1-3　锥套图样

(4) 轴套图样如图 1-4 所示。

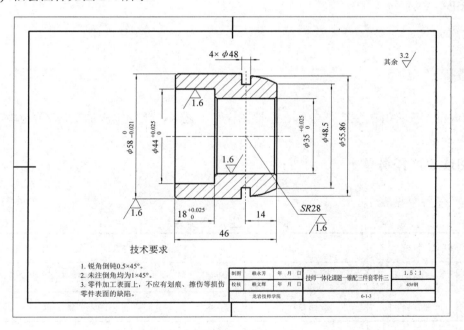

图 1-4　轴套图样

工作流程与活动

(1) 锥配三件套加工任务分析(6 学时)。

(2) 锥配三件套加工工序编制(4 学时)。

(3) 锥配三件套加工(14 学时)。

(4) 锥配三件套装配及误差分析(2 学时)。

(5) 工作总结与评价(2 学时)。

学习活动 1　锥配三件套加工任务分析

学习目标

(1) 能独立阅读生产任务单,明确产品名称、材料、数量和工期等要求,叙述锥配三件套的用途、种类和常用材料。

(2) 能正确分析锥配三件套零件图样,明确结构特点、表面粗糙度、几何公差等加工要求。

(3) 能根据图样要求,正确识读锥配三件套工艺卡,明确加工所需的工、量、刃、夹具。

(4) 能依据任务要求,制定合理的工作进度计划。

建议学时

6 学时。

学习过程

领取锥配三件套的生产任务单、零件图样和工艺卡,明确本次加工任务的内容。

一、阅读生产任务单。

生产任务单见表 1-1。

表 1-1　生产任务单

需方单位名称				完成日期	年　　月　　日	
序号	产品名称	材　料	数量	技术标准、质量要求		
1	锥配三件套	45 钢	30 套	按图样要求		
生产批准时间		年　　月　　日	批准人			
通知任务时间		年　　月　　日	发单人			
接单时间		年　　月　　日	接单人		生产班组	机械加工组

叙述锥配三件套的用途、种类和常用材料等。

1. 用途

2. 种类

3. 常用材料

二、分析零件图样

1. 分析锥配三件套零件1——连接轴图样

连接轴图样如图 1-5 所示。

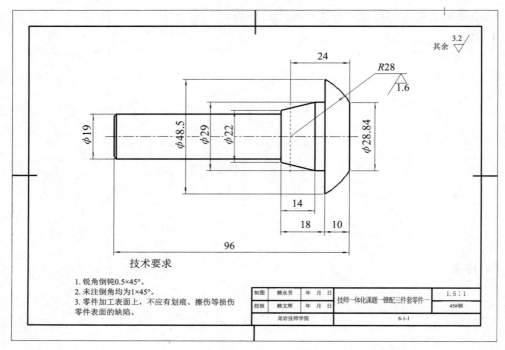

图 1-5　连接轴图样

(1) 叙述连接轴的结构组成及各部分的作用。

(2) 图 1-5 的零件有无漏掉某尺寸或者尺寸标注不清，从而影响零件的编程？若发现问题，则应向设计人员或者工艺制定部门请示并提出修改意见。

(3) 图 1-5 中零件的右端是锥度轴，查阅资料，了解并说明锥度轴的作用和加工要求。

(4) 连接轴需采用哪些准备功能指令？加工哪些部位？

2. 分析锥配三件套零件 2——锥套图样

锥套图样如图 1-6 所示。

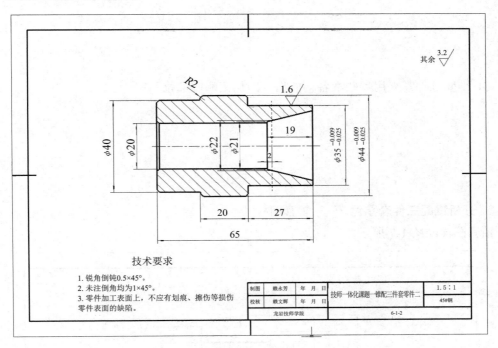

图 1-6　锥套图样

(1) 叙述锥套的结构组成及各部分的作用。

(2) 图 1-6 中零件的右端是锥套，查阅资料，了解并说明锥套的作用和加工要求。

(3) 叙述材料 45 钢牌号的含义，并列出其化学成分。

(4) 图 1-5 的连接轴零件与图 1-6 的锥套零件有什么关系？

(5) 锥套零件需采用哪些准备功能指令？加工哪些部位？

3. 分析锥配三件套零件 3——轴套图样

轴套图样如图 1-7 所示。

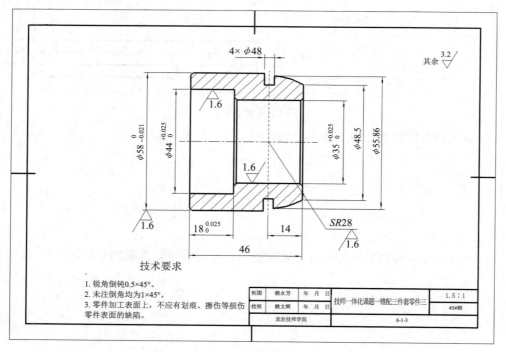

图 1-7　轴套图样

(1) 叙述轴套的结构组成及各部分的作用。

(2) 图 1-6 的锥套零件与图 1-7 的轴套零件有什么关系？

(3) 加工轴套零件需采用哪些准备功能指令？加工哪些部位？

三、识读工艺卡

1. 识读锥配三件套零件 1——连接轴工艺卡

连接轴工艺卡见表 1-2。

表 1-2　连接轴工艺卡

单位名称		产品名称		锥配三件套		图号		6 -1 -1
		零件名称		连接轴	数量		30	第 1 页
材料种类	低碳钢	材料牌号 Q235	45 钢	毛坯尺寸		$\phi 50\ mm \times 100\ mm$		共 1 页
工序号	工序内容	车间	设备	工具			计划工时	实际工时
				夹具	量具	刃具		
01	下料 $\phi 50mm \times 100\ mm$	金	锯床	机用平口钳	钢直尺	锯条	20 min	
10	车削连接轴	车	CK6140	三爪自定心卡盘	游标卡尺千分尺	外圆车刀、偏刀、中心钻	60 min	
20	检验	检验室			游标卡尺千分尺		20 min	
更改号			拟定		校正		审核	批准
更改者								
日期								

(1) 叙述低碳钢的机械性能和用途。

(2) 绘制外圆车刀的图样，并标注其主要参数。

(3) 根据轴类零件图样，在图 1-8 所示刀具中选择合适的数控外轮廓车刀，并说明选用理由。

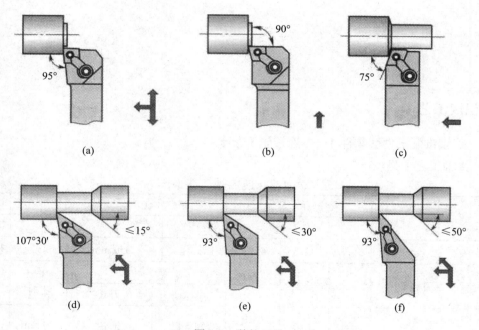

图 1-8　数控刀具

(4) 解释机夹可转位刀片代码含义。

　　T N M G 22 04 08 (E) (N) V2

(5) 根据图样与工艺分析，在表 1-3 中列出加工连接轴所使用的刀具、夹具及量具的名称、型号规格和用途。

表 1-3 加工连接轴的刀具、夹具及量具

类别	名 称	型号规格	用 途
刀具			
夹具			
量具			

2. 识读锥配三件套零件 2——锥套工艺卡

锥套工艺卡见表 1-4。

表 1-4 锥套工艺卡

<table>
<tr><td rowspan="2">单位名称</td><td rowspan="2"></td><td colspan="2">产品名称</td><td colspan="2">锥配三件套</td><td colspan="2">图号</td><td>6-1-2</td></tr>
<tr><td colspan="2">零件名称</td><td>锥套</td><td>数量</td><td colspan="2">30</td><td>第 1 页</td></tr>
<tr><td>材料种类</td><td>低碳钢</td><td>材料牌号 Q235</td><td>45 钢</td><td>毛坯尺寸</td><td colspan="3">ϕ50 mm × 70 mm</td><td>共 1 页</td></tr>
<tr><td rowspan="2">工序号</td><td rowspan="2">工序内容</td><td rowspan="2">车间</td><td rowspan="2">设备</td><td colspan="3">工 具</td><td rowspan="2">计划工时</td><td rowspan="2">实际工时</td></tr>
<tr><td>夹具</td><td>量具</td><td>刃具</td></tr>
<tr><td>01</td><td>下料
ϕ50 mm × 70 mm</td><td>金</td><td>锯床</td><td>机用
平口钳</td><td>钢直尺</td><td>锯条</td><td>20 min</td><td></td></tr>
<tr><td>10</td><td>钻通孔</td><td>车</td><td>CK6140</td><td>三爪
自定心
卡盘</td><td>游标卡尺</td><td>麻花钻头</td><td>5 min</td><td></td></tr>
<tr><td>20</td><td>车削锥套</td><td>车</td><td>CK6140</td><td>三爪
自定心
卡盘</td><td>游标卡尺
千分尺
内径千分尺</td><td>外圆车刀
内孔车刀</td><td>60 min</td><td></td></tr>
<tr><td>30</td><td>检验</td><td>检验室</td><td></td><td></td><td>游标卡尺
千分尺
内径千分尺
连接轴</td><td></td><td>20 min</td><td></td></tr>
<tr><td>更改号</td><td></td><td colspan="2">拟 定</td><td>校 正</td><td colspan="2">审 核</td><td colspan="2">批 准</td></tr>
<tr><td>更改者</td><td></td><td colspan="2"></td><td></td><td colspan="2"></td><td colspan="2"></td></tr>
<tr><td>日 期</td><td></td><td colspan="2"></td><td></td><td colspan="2"></td><td colspan="2"></td></tr>
</table>

根据图样与工艺分析，在表 1-5 中列出加工锥套所使用的刀具、夹具及量具的名称、型号规格和用途。

表 1-5　加工锥套的刀具、夹具及量具

类别	名　　称	型号规格	用　　途
刀具			
夹具			
量具			

3. 识读锥配三件套零件 3——轴套工艺卡

轴套工艺卡见表 1-6。

表 1-6　轴套工艺卡

单位名称		产品名称		锥配三件套		图号		6-1-3
		零件名称		锥套	数量	30		第 1 页
材料种类	低碳钢	材料牌号 Q235	45 钢	毛坯尺寸		$\phi60\,mm \times 50\,mm$		共 1 页

工序号	工序内容	车间	设备	工具			计划工时	实际工时
				夹具	量具	刀具		
01	下料 $\phi60\,mm \times 50\,mm$	金	锯床	机用平口钳	钢直尺	锯条	20 min	
10	钻通孔	车	CK6140	三爪自定心卡盘	游标卡尺	麻花钻头	5 min	
20	车削轴套	车	CK6140	三爪自定心卡盘	游标卡尺 千分尺 内径千分尺	外圆车刀 内孔车刀	60 min	
30	检验	检验室			游标卡尺 千分尺 内径千分尺 连接轴		20 min	

更改号		拟　定		校　正		审　核		批　准
更改者								
日　期								

(1) 锥配三件套零件的关键尺寸有哪些? 零件图样中所标注的基准都在什么部位?

(2) 找出轴套零件图样上尺寸精度及表面结构要求较高的加工表面，并记录下来。

(3) 根据图样与工艺分析，在表 1-7 中列出加工轴套所使用的刀具、夹具及量具的名称、型号规格和用途。

表 1-7　加工轴套的刀具、夹具及量具

类别	名　称	型号规格	用　途
刀具			
夹具			
量具			

四、制订工作进度计划

本生产任务工期为 5 天，依据任务要求，制订合理的工作进度计划，并根据小组成员的特点进行分工，工作进度安排及分工见表 1-8。

表 1-8　工作进度安排及分工

序号	工作内容	时　间	成　员	负责人

学习活动 2　锥配三件套加工工序编制

学习目标

(1) 能根据零件图样，结合加工图例，确定锥配三件套零件的车削加工步骤。
(2) 能根据加工步骤，结合生产现场条件，查阅切削手册，正确、规范地制定锥配三件套零件的车削加工工序卡。

建议学时

4 学时。

学习过程

一、制定锥配三件套零件 1——连接轴车削加工工序卡

连接轴车削加工工序卡见表 1-9。

表 1-9　连接轴车削加工工序卡

连接轴工序卡片	产品型号		零件图号			
	产品名称		零件名称		共　页	第　页
	车间	工序号		工序名称	材料牌号	
	毛坯种类	毛坯外形尺寸		每毛坯可制件数	每台件数	
	设备名称	设备型号		设备编号	同时加工件数	
	夹具编号		夹具名称		切削液	
	工位器具编号	工位器具名称		工序工时/min		
				准终	单件	

工步号	工步内容	工艺装备	主轴转速/(r/min)	切削速度/(m/min)	进给量/(mm/r)	切削深度	进给次数	工步工时/s	
								机动	辅助

	设 计(日期)	校 对(日期)	审 核(日期)	标准化(日期)	会 签(日期)

二、制定锥配三件套零件 2——锥套车削加工工序卡

锥套车削加工工序卡见表 1-10。

表 1-10　锥套车削加工工序卡

锥套工序卡片			产品型号		零件图号			
			产品名称		零件名称		共　页	第　页
			车间	工序号	工序名称		材料牌号	
			毛坯种类	毛坯外形尺寸	每毛坯可制件数		每台件数	
			设备名称	设备型号	设备编号		同时加工件数	
			夹具编号		夹具名称		切削液	
			工位器具编号	工位器具名称	工序工时/min			
					准终		单件	
工步号	工步内容	工艺装备	主轴转速/(r/min)	切削速度/(m/min)	进给量/(mm/r)	切削深度	进给次数	工步工时/s
								机动　辅助
			设计(日期)	校对(日期)	审核(日期)	标准化(日期)	会签(日期)	

三、制定锥配三件套零件 3——轴套车削加工工序卡

轴套车削加工工序卡见表 1-11。

表 1-11　轴套车削加工工序卡

轴套工序卡片		产品型号		零件图号			
		产品名称		零件名称		共　页	第　页
		车间	工序号	工序名称		材料牌号	
		毛坯种类	毛坯外形尺寸	每毛坯可制件数		每台件数	
		设备名称	设备型号	设备编号		同时加工件数	
		夹具编号		夹具名称		切削液	
		工位器具编号	工位器具名称	工序工时/min			
				准终		单件	

工步号	工步内容	工艺装备	主轴转速/(r/min)	切削速度/(m/min)	进给量/(mm/r)	切削深度	进给次数	工步工时/s	
								机动	辅助

	设计 (日期)	校对 (日期)	审核 (日期)	标准化 (日期)	会签 (日期)

学习活动3　锥配三件套加工

学习目标

(1) 能根据锥配三件套图样要求，到材料库正确、规范地领取材料。

(2) 能根据锥配三件套图样工艺要求，到工具库正确、规范地领取工、量、刃、夹具。

(3) 能根据锥配三件套图样要求，合理刃磨内孔车刀、偏刀和外圆车刀。

(4) 能根据操作提示，严格按照机床操作规程完成锥配三件套零件的加工，对加工完成的零件进行质量检测，并对加工中出现的问题提出改进措施。

(5) 能按国家环保相关规定和安全文明生产要求整理现场，正确使用和保养维护工、量、刃、夹具及设备，正确处置废油液等废弃物；能严格按照车间管理规定，正确规范地交接班和保养车床。

建议学时

14 学时。

学习过程

一、填写领料单并领取材料

领料单见表 1-12。

表 1-12　领　料　单

领料部门			产品名称及数量		
领料单号			零件名称及数量		
材料名称	材料规格及型号	单位	数量		单价	总价
			请领	实发		
材料用途说明	材料仓库	主管	发料数量	领料部门	主管	领料数量

二、汇总工、量、刃、夹具清单并领取工、量、刃、夹具

工、量、刃、夹具清单见表 1-13。

表 1-13　工、量、刃、夹具清单

序号	名　称	型号规格	数量	需领用数量

三、完成锥配三件套零件的加工和质量检测

1. 锥配三件套零件 1——连接轴加工

(1) 按照连接轴车削操作过程的提示，在实训场地完成连接轴的车削加工，连接轴车削操作过程见表 1-14。

表 1-14　连接轴车削操作过程

操作步骤	操作要点
1. 加工前准备工作	(1) 按操作规程，加工零件前先检查各电气设施，以及手柄、传动部位、防护、限位装置是否齐全、可靠、灵活，然后完成机床润滑、预热等准备工作 (2) 根据车间要求，合理放置毛坯料、刀具、量具、图样、工序卡等
2. 连接轴车削加工	(1) 合理安装刀具 (2) 合理装夹毛坯料 (3) 根据连接轴车削加工工序卡，规范操作车床车削连接轴以达到图样要求，及时合理做好在线检测工作 (4) 根据检测表，合理检测车削完成的连接轴
3. 加工后整理工作	加工完毕后，正确放置零件，并进行产品交接确认；按照国家环保相关规定和车间要求整理现场，正确处置废油液等废弃物；按车间规定填写交接班记录和设备日常保养记录卡

(2) 加工完成后，将加工过程中出现的问题记录下来，分析问题并写出改进措施。

2. 锥配三件套零件 2——锥套加工

(1) 按照锥套车削操作过程的提示，在实训场地完成锥套的车削加工，锥套车削操作过程见表 1-15。

表 1-15 锥套车削操作过程

操作步骤	操 作 要 点
1. 加工前准备工作	(1) 按操作规程，加工零件前先检查各电气设施，以及手柄、传动部位、防护、限位装置是否齐全、可靠、灵活，然后完成机床润滑、预热等准备工作 (2) 根据车间要求，合理放置毛坯料、刀具、量具、图样、工序卡等
2. 锥套车削加工	(1) 合理安装刀具 (2) 合理装夹毛坯料 (3) 根据锥套车削加工工序卡，规范操作车床车削锥套以达到图样要求，及时合理做好在线检测工作 (4) 根据检测表，合理检测车削完成的锥套
3. 加工后整理工作	加工完毕后，正确放置零件，并进行产品交接确认；按照国家环保相关规定和车间要求整理现场，正确处置废油液等废弃物；按车间规定填写交接班记录和设备日常保养记录卡

(2) 加工完成后，将加工过程中出现的问题记录下来，分析问题并写出改进措施。

3. 锥配三件套零件 3——轴套加工

(1) 按照轴套车削操作过程的提示，在实训场地完成轴套的车削加工，轴套车削操作过程见表 1-16。

表 1-16 轴套车削操作过程

操作步骤	操 作 要 点
1. 加工前准备工作	(1) 按操作规程，加工零件前先检查各电气设施，以及手柄、传动部位、防护、限位装置是否齐全、可靠、灵活，然后完成机床润滑、预热等准备工作 (2) 根据车间要求，合理放置毛坯料、刀具、量具、图样、工序卡等
2. 轴套车削加工	(1) 合理安装刀具 (2) 合理装夹毛坯料 (3) 根据轴套车削加工工序卡，规范操作车床车削轴套以达到图样要求，及时合理做好在线检测工作 (4) 根据检测表，合理检测车削完成的轴套
3. 加工后整理工作	加工完毕后，正确放置零件，并进行产品交接确认；按照国家环保相关规定和车间要求整理现场，正确处置废油液等废弃物；按车间规定填写交接班记录和设备日常保养记录卡

(2) 加工完成后，将加工过程中出现的问题记录下来，分析问题并写出改进措施。

4. 质量检测并填表

对车削加工完成的锥配三件套进行质量检测，并把检测结果填入表 1-17。

表 1-17　锥配三件套车削质量检测表

序号	项目	考核要求		配分	自检		得分	互检		得分
		IT	Ra		IT	Ra		IT	Ra	
1	外圆	$\phi44_{-0.025}^{-0.009}$	1.6	6+4						
2		$\phi35_{-0.025}^{-0.009}$	1.6	6+4						
3		$\phi58_{-0.021}^{-0}$	1.6	6+4						
4	内孔	$\phi44_{0}^{+0.025}$	1.6	6+4						
5		$\phi35_{0}^{+0.025}$	1.6	6+4						
6	直径	$\phi55.86 \pm 0.05$		5						
7		$\phi48.5 \pm 0.05$ 二处		10						
8	长度	76 ± 0.025		5						
9		$\phi18_{0}^{+0.025}$		5						
10	锥度	≥50%	1.6	5+3						
11	长度	三处总长		3						
12	倒角	8 处		4						
13	文明生产	现场目测		10						
总　分				100	得分			得分		

实训老师签字：

　　　　　　　　　　　　　　　　　　　　　　　　年　　　月　　　日

学习活动4　锥配三件套装配及误差分析

学习目标

(1) 能正确、规范地组装锥配三件套。
(2) 能根据锥配三件套的检测结果，分析误差产生的原因，并提出改进措施。

建议学时

2 学时。

学习过程

一、误差分析

根据锥配三件套装配的检测结果进行误差分析，将分析结果填写在表 1-18 中。

表 1-18　误差分析表

测量内容		零件名称	
测量工具和仪器		测量人员	
班　级		日　期	

1. 测量目的

2. 测量步骤

3. 测量要领

二、拓展学习

(1) 如果是批量加工生产锥配三件套，在加工过程中如何提高生产效率？

(2) 对锥配三件套装配零件的表面处理可选用哪些方法？其中哪一种最好？为什么？

学习活动 5 工作总结与评价

学习目标

(1) 能按分组情况，分别派代表展示工作成果，说明本次任务的完成情况，并作分析总结。
(2) 能结合自身任务完成情况，正确、规范地撰写工作总结(心得体会)。
(3) 能就本次任务中出现的问题提出改进措施。
(4) 能对学习与工作进行反思与总结，并能与他人开展良好合作，进行有效的沟通。

建议学时

2 学时。

学习过程

一、展示与评价

把个人制作好的锥配三件套先进行分组展示，再由小组推荐代表做必要的介绍。在展示过程中，以组为单位进行评价；评价完成后，根据其他组成员对本组展示成果的评价意见进行归纳总结，完成下列选项(选择项打"√")。

(1) 展示的锥配三件套符合技术标准吗？

合格□ 不良□ 返修□ 报废□

(2) 与其他组相比, 本小组的锥配三件套工艺如何?

    工艺优化□   工艺合理□   工艺一般□

(3) 本小组介绍成果表达是否清晰?

    很好□   一般, 常补充□   不清晰□

(4) 本小组演示锥配三件套检测方法时操作正确吗?

    正确□   部分正确□   不正确□

(5) 本小组演示操作时遵循了 "6S" 的工作要求吗?

    符合工作要求□   忽略了部分要求□   完全没有遵循□

(6) 本小组成员的团队创新精神如何?

    良好□   一般□   不足□

二、自评总结(心得体会)

三、教师评价

(1) 找出各组的优点进行点评。

(2) 对任务完成过程中各组的缺点进行点评, 并提出改进的方法。

(3) 对整个任务完成过程中出现的亮点和不足进行点评。

四、评价与分析

学习任务一评价表见表1-19。

班级＿＿＿＿＿＿＿＿　　学生姓名＿＿＿＿＿＿＿＿　　学号＿＿＿＿＿＿＿

表 1-19　学习任务一评价表

项目	自我评价			小组评价			教师评价		
	10～9	8～6	5～1	10～9	8～6	5～1	10～9	8～6	5～1
	占总评 10%			占总评 30%			占总评 60%		
学习活动 1									
学习活动 2									
学习活动 3									
学习活动 4									
学习活动 5									
协作精神									
纪律观念									
表达能力									
工作态度									
拓展能力									
小　计									

任课老师：＿＿＿＿＿＿＿＿　　　　　＿＿＿＿年＿＿＿月＿＿＿日

附：零件加工工艺部分内容

毛坯大小：$\phi 50 \times 100$、$\phi 50 \times 70$、$\phi 60 \times 50$。

1. 件一

利用一夹一顶装夹方式。

(1) 用 G71 粗车 $\phi 19$ 外圆、外圆锥、$\phi 29$ 外圆；

(2) 用 G70 精车 $\phi 19$ 外圆、外圆锥、$\phi 29$ 外圆；

(3) 掉头用 G71 粗车 $R28$；

(4) 用 G70 精车 $R28$。

2. 件二

夹 $\phi50$ 外圆，伸出长 55、钻 $\phi18$ 通孔。

(1) 用 G71 粗车内圆锥孔和 $\phi20$ 内孔；

(2) 用 G70 精车内圆锥孔和 $\phi20$ 内孔；

(3) 用 G71 粗车 $\phi35$、$\phi44$ 外圆；

(4) 用 G70 精车 $\phi35$、$\phi44$ 外圆；

(5) 掉头、控制总长，用 G71 粗车 $\phi40$ 外圆和 $R2$ 圆弧；

(6) 用 G70 精车 $\phi40$ 外圆和 $R2$ 圆弧。

3. 件三

夹 $\phi50$ 外圆，伸出长 35、钻 $\phi30$ 通孔。

(1) 用 G71 粗车 $\phi44$、$\phi35$ 内孔；

(2) 用 G70 精车 $\phi44$、$\phi35$ 内孔；

(3) 用 G71 粗车 $\phi58$ 外圆和倒角；

(4) 用 G70 精车 $\phi58$ 外圆和倒角；

(5) 掉头、控制总长，用 G71 粗车 $SR28$ 圆弧和 $\phi55.86$ 外圆；

(6) 用 G70 精车 $SR28$ 圆弧和 $\phi55.86$ 外圆；

(7) 用 G01 或 G75 切外槽。

本课题重点：三件零件的配合表面在各自加工中，必须保证在一次装夹中车削完成。

学习任务二　活塞三件套的加工

学习目标

(1) 能独立阅读生产任务单，正确分析活塞三件套零件图样，正确识读活塞三件套工艺卡，制定合理的工作进度计划。

(2) 能根据零件图样，结合生产现场条件，查阅切削手册，确定零件的加工方法和加工路线，选定加工刀具并确定切削用量，规范地填写活塞三件套零件的车削加工工序卡。

(3) 能根据零件图的几何尺寸设定坐标系，进行数值计算，计算出编程时所需要的各点坐标值，选定刀位数据。

(4) 能根据刀具运动轨迹坐标值、选定的刀具切削参数和确定的加工顺序编写加工程序。

(5) 能根据活塞三件套图样工艺要求，正确规范地领取材料和工、量、刃、夹具。

(6) 能根据操作提示，严格按照机床操作规程完成活塞三件套零件的加工，对加工完成的零件进行质量检测，并对加工中出现的问题提出改进措施。

(7) 能按国家环保相关规定和安全文明生产要求整理现场，合理保养维护工、量、刃、夹具及设备，正确处置废油液等废弃物；能严格按照车间管理规定，正确规范地交接班和保养车床。

(8) 能正确规范地选择和使用工、量具检测活塞三件套的整体质量，根据检测结果，分析误差产生的原因，并提出改进措施。

(9) 能主动获取有效信息，对学习与工作进行反思与总结，并能与他人开展良好合作，进行有效的沟通。

建议学时

28 学时。

工作情境描述

某单位业务部门接到一批活塞三件套的订单，数量为 30 套，工期为 5 天，客户提供样件、图样和材料。现生产部门安排我机械加工组完成此加工任务。

(1) 活塞三件套装配图如图 2-1 所示。

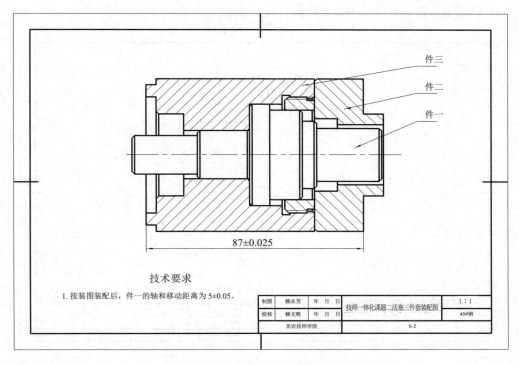

技术要求

1. 按装图装配后，件一的轴和移动距离为 5±0.05。

制图	赖永芳	年 月 日	技师一体化课题二活塞三件套装配图	1：1
校核	赖文辉	年 月 日		45#钢
龙岩技师学院			6-2	

图 2-1　活塞三件套装配图

(2) 活塞连杆图样如图 2-2 所示。

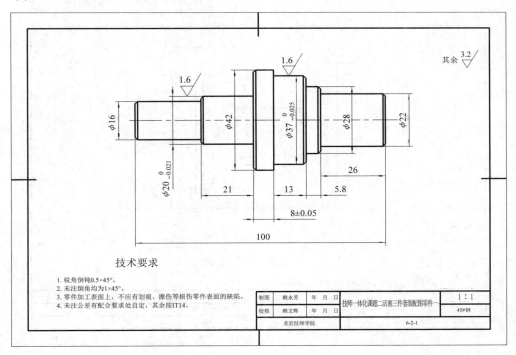

技术要求

1. 锐角倒钝0.5×45°。
2. 未注倒角均为1×45°。
3. 零件加工表面上，不应有划痕、擦伤等损伤零件表面的缺陷。
4. 未注公差有配合要求处自定，其余按IT14。

制图	赖永芳	年 月 日	技师一体化课题二活塞三件套装配图零件一	1：1
校核	赖文辉	年 月 日		45#钢
龙岩技师学院			6-2-1	

图 2-2　活塞连杆图样

(3) 活塞套一(右)图样如图 2-3 所示。

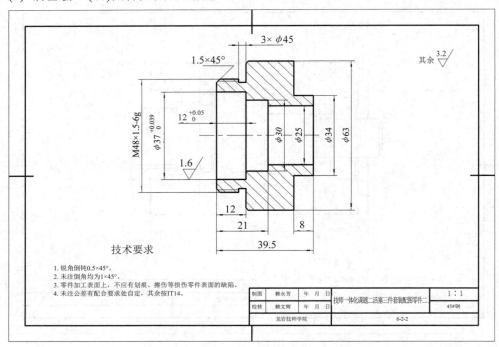

图 2-3　活塞套一(右)图样

(4) 活塞套二(左)图样如图 2-4 所示。

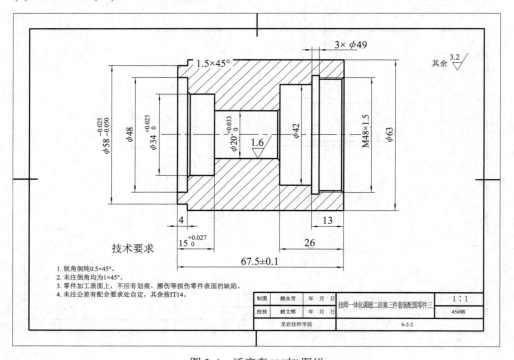

图 2-4　活塞套二(左)图样

工作流程与活动

(1) 活塞三件套加工任务分析(6 学时)。

(2) 活塞三件套加工工序编制(4 学时)。

(3) 活塞三件套加工(14 学时)。

(4) 活塞三件套装配及误差分析(2 学时)。

(5) 工作总结与评价(2 学时)。

学习活动 1　活塞三件套加工任务分析

学习目标

(1) 能独立阅读生产任务单，明确产品名称、材料、数量和工期等要求，叙述活塞三件套的用途、种类和常用材料。

(2) 能正确分析活塞三件套零件图样，明确结构特点、表面粗糙度、几何公差等加工要求。

(3) 能根据图样要求，正确识读活塞三件套工艺卡，明确加工所需的工、量、刃、夹具。

(4) 能依据任务要求，制定合理的工作进度计划。

建议学时

6 学时。

学习过程

领取活塞三件套的生产任务单、零件图样和工艺卡，明确本次加工任务的内容。

一、阅读生产任务单

生产任务单见表 2-1。

表 2-1　生产任务单

需方单位名称				完成日期	年　　月　　日	
序号	产品名称	材料	数量	技术标准、质量要求		
1	活塞三件套	45 钢	30 套	按图样要求		
生产批准时间		年　　月　　日	批准人			
通知任务时间		年　　月　　日	发单人			
接单时间		年　　月　　日	接单人		生产班组	机械加工组

叙述活塞三件套的用途、种类和常用材料等。

1. 用途

2. 种类

3. 常用材料

二、分析零件图样

1. 分析活塞三件套零件 1——活塞连杆图样

活塞连杆图样如图 2-5 所示。

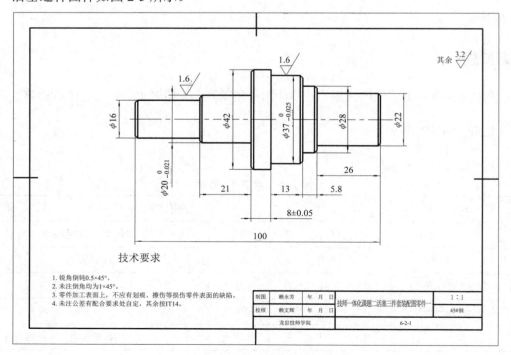

技术要求

1. 锐角倒钝0.5×45°。
2. 未注倒角均为1×45°。
3. 零件加工表面上，不应有划痕、擦伤等损伤零件表面的缺陷。
4. 未注公差有配合要求处自定，其余按IT14。

制图	赖永芳	年　月　日	技师一体化课题二活塞三件套装配零件一	1：1
校核	赖文辉	年　月　日		45#钢
	龙岩技师学院		6-2-1	

图 2-5　活塞连杆图样

(1) 图 2-5 的零件有无漏掉某尺寸或者尺寸标注不清，从而影响零件的编程。若发现问题，应向设计人员或者工艺制定部门请示并提出修改意见。

(2) 精车外圆时圆周表面上出现有规律的波纹缺陷，与机床的哪些因素有关？

(3) 切削用量对切削力各有什么影响？

(4) 活塞连杆需采用哪些准备功能指令？加工哪些部位？

2. 分析活塞三件套零件 2——活塞套一(右)图样

活塞套一(右)图样如图 2-6 所示。

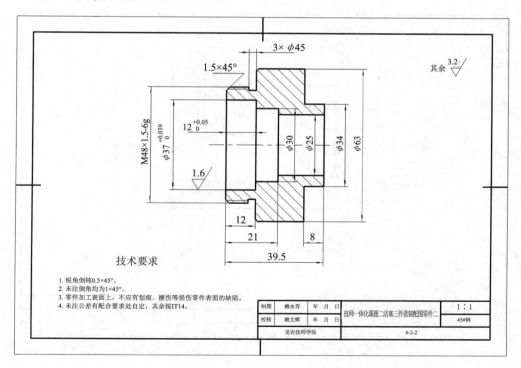

图 2-6　活塞套一(右)图样

(1) 叙述活塞套一(右)的结构组成及各部分的作用。

(2) 叙述材料 45 钢牌号的含义,并列出其化学成分。

(3) 图 2-5 活塞连杆零件与图 2-6 活塞套一(右)零件有什么关系?

(4) 活塞套一(右)需采用哪些准备功能指令?加工哪些部位?

3. 分析活塞三件套零件 3——活塞套二(左)图样

活塞套二(左)图样如图 2-7 所示。

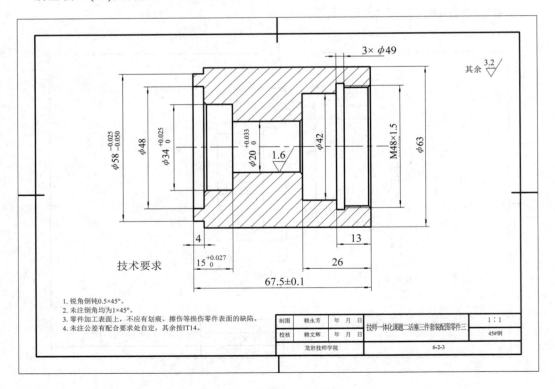

图 2-7　活塞套二(左)图样

(1) 叙述活塞套二(左)的结构组成及各部分的作用。

(2) 积屑瘤产生的原因是什么？避免积屑瘤产生应采取哪些措施？

(3) 活塞套二(右)需采用哪些准备功能指令？加工哪些部位？

三、识读工艺卡

1. 识读活塞三件套零件 1——活塞连杆工艺卡

活塞连杆工艺卡见表 2-2。

表 2-2　活塞连杆工艺卡

单位名称			产品名称		活塞三件套		图号		6-2-1
			零件名称		活塞连杆	数量	30		第 1 页
材料种类	低碳钢	材料牌号 Q235		45 钢	毛坯尺寸		$\phi50$ mm × 100 mm		共 1 页
工序号	工序内容		车间	设备	工　具			计划工时	实际工时
					夹具	量具	刀具		
01	下料 $\phi45$ mm × 105 mm		金	锯床	机用 平口钳	钢直尺	锯条	20 min	
10	车削活塞连杆		车	CK6140	三爪 自定心 卡盘	游标卡尺 千分尺	外圆车刀 中心钻	60 min	
20	检验		检验室			游标卡尺 千分尺		20 min	
更改号			拟　定		校　正		审　核		批　准
更改者									
日　期									

2. 识读活塞三件套零件2——活塞套一(右)工艺卡

活塞套一(右)工艺卡见表2-3。

表2-3　活塞套一(右)工艺卡

单位名称		产品名称		活塞三件套		图号		6-2-2
		零件名称		活塞套一(右)	数量	30		第1页
材料种类	低碳钢	材料牌号 Q235	45钢	毛坯尺寸		ϕ50 mm × 70 mm		共1页
工序号	工序内容	车间	设备	工　　　具			计划工时	实际工时
				夹具	量具	刃具		
01	下料 ϕ65 mm × 45 mm	金	锯床	机用平口钳	钢直尺	锯条	20 min	
10	钻通孔	车	CK6140	三爪自定心卡盘	游标卡尺	麻花钻头	5 min	
20	车削活塞套一(右)	车	CK6140	三爪自定心卡盘	游标卡尺 千分尺 内径千分尺	外圆车刀 内孔车刀 螺纹车刀 切槽刀	60 min	
30	检验	检验室			游标卡尺 千分尺 内径千分尺 活塞连杆		20 min	
更改号			拟　定		校　正	审　核		批　准
更改者								
日　期								

根据图样与工艺分析,在表2-4中列出加工活塞套一(右)所使用的刀具、夹具及量具的名称、型号规格和用途。

表2-4　加工活塞套一(右)的刀具、夹具及量具

类别	名　　称	型号规格	用　途
刀具			
夹具			
量具			

3. 识读活塞三件套零件3——活塞套二(左)工艺卡

活塞套二(左)工艺卡见表2-5。

表 2-5 活塞套二(左)工艺卡

单位名称		产品名称		活塞三件套		图号	6-2-3
		零件名称		活塞套二(左)	数量	30	第 1 页
材料种类	低碳钢	材料牌号 Q235	45 钢	毛坯尺寸		$\phi60$ mm × 50 mm	共 1 页

工序号	工序内容	车间	设备	工 具			计划工时	实际工时
				夹具	量具	刀具		
01	下料 $\phi65$ mm × 70 mm	金	锯床	机用平口钳	钢直尺	锯条	20 min	
10	钻通孔	车	CK6140	三爪自定心卡盘	游标卡尺	麻花钻头	5 min	
20	车削活塞套二(左)	车	CK6140	三爪自定心卡盘	游标卡尺 千分尺 内径千分尺	外圆车刀 内孔车刀 螺纹车刀 切槽刀	60 min	
30	检验	检验室			游标卡尺 千分尺 内径千分尺 活塞套一(右)		20 min	

更改号			拟定		校正		审核		批准	
更改者										
日 期										

(1) 活塞三件套零件 3——活塞套二(左)的关键尺寸有哪些？零件图样中所标注的基准都在什么部位？

(2) 找出活塞套二(左)零件图样上尺寸精度及表面结构要求较高的加工表面,并记录下来。

(3) 根据图样与工艺分析，在表 2-6 中列出加工活塞套二(左)所使用的刀具、夹具及量具的名称、型号规格和用途。

表 2-6　加工活塞套二(左)的刀具、夹具及量具

类别	名　　称	型号规格	用　　途
刀具			
夹具			
量具			

四、制订工作进度计划

本生产任务工期为 5 天，依据任务要求，制订合理的工作进度计划，并根据小组成员的特点进行分工，工作进度安排及分工见表 2-7。

表 2-7　工作进度安排及分工

序　号	工作内容	时　间	成　员	负责人

学习活动 2　活塞三件套加工工序编制

学习目标

(1) 能根据零件图样，结合加工图例，确定活塞三件套零件的车削加工步骤。

(2) 能根据加工步骤，结合生产现场条件，查阅切削手册，正确、规范地制定活塞三件套零件的车削加工工序卡。

建议学时

4 学时。

学习过程

一、制定活塞三件套零件 1——活塞连杆车削加工工序卡

活塞连杆车削加工工序卡见表 2-8。

表 2-8　活塞连杆车削加工工序卡

活塞连杆工序卡片		产品型号		零件图号			
		产品名称		零件名称		共　页	第　页
		车间	工序号	工序名称	材料牌号		
		毛坯种类	毛坯外形尺寸	每毛坯可制件数	每台件数		
		设备名称	设备型号	设备编号	同时加工件数		
		夹具编号		夹具名称		切削液	
		工位器具编号	工位器具名称	工序工时/min			
				准终		单件	

工步号	工步内容	工艺装备	主轴转速/(r/min)	切削速度/(m/min)	进给量/(mm/r)	切削深度	进给次数	工步工时/s	
								机动	辅助
		设计 (日期)	校对 (日期)	审核 (日期)	标准化 (日期)	会签 (日期)			

二、制定活塞三件套零件 2——活塞套一(右)车削加工工序卡

活塞套一(右)车削加工工序卡见表 2-9。

表 2-9　活塞套一(右)车削加工工序卡

活塞套一(右)工序卡片			产品型号			零件图号			
			产品名称			零件名称		共　页	第　页
			车间	工序号		工序名称		材料牌号	
			毛坯种类	毛坯外形尺寸		每毛坯可制件数		每台件数	
			设备名称	设备型号		设备编号		同时加工件数	
			夹具编号		夹具名称			切削液	
			工位器具编号		工位器具名称		工序工时/min		
							准终		单件
工步号	工步内容	工艺装备	主轴转速/(r/min)	切削速度/(m/min)	进给量/(mm/r)	切削深度	进给次数	工步工时/s	
								机动	辅助
			设计(日期)	校对(日期)		审核(日期)	标准化(日期)	会签(日期)	

三、制定活塞三件套零件3——活塞套二(左)车削加工工序卡

活塞套二(左)车削加工工序卡见表2-10。

表 2-10　活塞套二(左)车削加工工序卡

活塞套二(左)工序卡片		产品型号		零件图号				
		产品名称		零件名称			共　页	第　页
		车间	工序号	工序名称		材料牌号		
		毛坯种类	毛坯外形尺寸	每毛坯可制件数		每台件数		
		设备名称	设备型号	设备编号		同时加工件数		
		夹具编号		夹具名称		切削液		
		工位器具编号	工位器具名称	工序工时/min				
				准终		单件		
工步号	工步内容	工艺装备	主轴转速/(r/min)	切削速度/(m/min)	进给量/(mm/r)	切削深度	进给次数	工步工时/s
								机动　辅助
		设计(日期)	校对(日期)	审核(日期)		标准化(日期)	会签(日期)	

学习活动3　活塞三件套加工

学习目标

(1) 能根据活塞三件套图样要求，到材料库正确、规范地领取材料。

(2) 能根据活塞三件套图样工艺要求，到工具库正确、规范地领取工、量、刃、夹具。

(3) 能根据活塞三件套图样要求，合理刃磨内孔车刀、螺纹车刀、外圆车刀和切槽刀。

(4) 能根据操作提示，严格按照机床操作规程完成活塞三件套零件的加工，对加工完成的零件进行质量检测，并对加工中出现的问题提出改进措施。

(5) 能按国家环保相关规定和安全文明生产要求整理现场，正确使用和保养维护工、量、刃、夹具及设备，正确处置废油液等废弃物；能严格按照车间管理规定，正确规范地交接班和保养车床。

建议学时

14 学时。

学习过程

一、填写领料单并领取材料

领料单见表 2-11。

表 2-11　领　料　单

领料部门			产品名称及数量		
领料单号			零件名称及数量		
材料名称	材料规格及型号	单位	数　量		单价	总价
			请领	实发		
材料用途说明	材料仓库	主管	发料数量	领料部门	主管	领料数量

二、汇总工、量、刃、夹具清单并领取工、量、刃、夹具

工、量、刃、夹具清单见表2-12。

表2-12　工、量、刃、夹具清单

序号	名　称	型号规格	数量	需领用数量

三、完成活塞三件套零件加工和质量检测

1. 活塞三件套零件 1——活塞连杆加工

(1) 按照活塞连杆车削操作过程的提示，在实训场地完成活塞连杆的车削加工，活塞连杆车削操作过程见表2-13。

表 2-13　活塞连杆车削操作过程

操作步骤	操 作 要 点
1. 加工前准备工作	(1) 按操作规程，加工零件前先检查各电气设施，以及手柄、传动部位、防护、限位装置是否齐全可靠、灵活，然后完成机床润滑、预热等准备工作 (2) 根据车间要求，合理放置毛坯料、刀具、量具、图样、工序卡等
2. 活塞连杆车削加工	(1) 合理安装刀具 (2) 合理装夹毛坯料 (3) 根据活塞连杆车削加工工序卡，规范操作车床车削活塞连杆以达到图样要求，及时合理做好在线检测工作 (4) 根据检测表，合理检测车削完成的活塞连杆
3. 加工后整理工作	加工完毕后，正确放置零件，并进行产品交接确认；按照国家环保相关规定和车间要求整理现场，正确处置废油液等废弃物；按车间规定填写交接班记录和设备日常保养记录卡

(2) 加工完成后将加工过程中出现的问题记录下来，分析问题并写出改进措施。

2. 活塞三件套零件 2——活塞套一(右)加工

(1) 按照活塞套一(右)车削操作过程的提示，在实训场地完成活塞套一(右)的车削加工，活塞套一(右)车削操作过程见表 2-14。

表 2-14　活塞套一(右)车削操作过程

操作步骤	操 作 要 点
1. 加工前准备工作	(1) 按操作规程，加工零件前先检查各电气设施，以及手柄、传动部位、防护、限位装置是否齐全可靠、灵活，然后完成机床润滑、预热等准备工作 (2) 根据车间要求，合理放置毛坯料、刀具、量具、图样、工序卡等
2. 活塞套一(右)车削加工	(1) 合理安装刀具 (2) 合理装夹毛坯料 (3) 根据活塞套一(右)车削加工工序卡，规范操作车床车削活塞套一(右)以达到图样要求，及时合理做好在线检测工作 (4) 根据检测表，合理检测车削完成的活塞套一(右)
3. 加工后整理工作	加工完毕后，正确放置零件，并进行产品交接确认；按照国家环保相关规定和车间要求整理现场，正确处置废油液等废弃物；按车间规定填写交接班记录和设备日常保养记录卡

(2) 加工完成后，将加工过程中出现的问题记录下来，分析问题并写出改进措施。

3. 活塞三件套零件 3——活塞套二(左)加工

(1) 按照活塞套二(左)车削操作过程的提示，在实训场地完成活塞套二(左)的车削加工，活塞套二(左)车削操作过程见表 2-15。

表 2-15 活塞套二(左)车削操作过程

操作步骤	操作要点
1. 加工前准备工作	(1) 按操作规程,加工零件前先检查各电气设施,以及手柄、传动部位、防护、限位装置是否齐全可靠、灵活,然后完成机床润滑、预热等准备工作 (2) 根据车间要求,合理放置毛坯料、刀具、量具、图样、工序卡等
2. 活塞套二(左)车削加工	(1) 合理安装刀具 (2) 合理装夹毛坯料 (3) 根据活塞套二(左)车削加工工序卡,规范操作车床车削活塞套二(左)以达到图样要求,及时合理做好在线检测工作 (4) 根据检测表,合理检测车削完成的活塞套二(左)
3. 加工后整理工作	加工完毕后,正确放置零件,并进行产品交接确认;按照国家环保相关规定和车间要求整理现场,正确处置废油液等废弃物;按车间规定填写交接班记录和设备日常保养记录卡

(2) 加工完成后将加工过程中出现的问题记录下来,分析问题并写出改进措施。

4. 质量检测

对车削加工完成的活塞三件套进行质量检测,并把检测结果填入表 2-16。

表 2-16 活塞三件套车削质量检测表

序号	考核要求		配分	自检		得分	互检		得分	专检		得分
	IT	Ra		IT	Ra		IT	Ra		IT	Ra	
1	$\phi37_{-0.025}^{0}$	1.6	6+3									
2	$\phi20_{-0.021}^{0}$	1.6	6+3									
3	$\phi58_{-0.050}^{-0.025}$	1.6	6+3									
4	$\phi34_{0}^{+0.025}$	1.6	6+3									
5	$\phi20_{0}^{+0.033}$	1.6	6+3									
6	$\phi37_{0}^{+0.039}$	1.6	6+3									
7	外螺纹 M48×1.5	1.6	6+3									
8	内螺纹 M48×1.5	1.6	6+3									
9	3×$\phi45$		2									
10	3×$\phi49$		2									
11	4 处		8									
12	12 处		6									
13	5±0.05		5									
14	安全文明生产		10									
合 计			100									
签 字												
实训教师签字						时间: 年 月 日						

学习活动 4　活塞三件套装配及误差分析

学习目标

(1) 能正确规范地组装活塞三件套。

(2) 能根据活塞三件套的检测结果，分析误差产生的原因，并提出改进措施。

建议学时

2 学时。

学习过程

一、误差分析

根据活塞三件套装配的检测结果进行误差分析，将分析结果填写在表 2-17 中。

表 2-17　误差分析表

测量内容		零件名称	
测量工具和仪器		测量人员	
班　级		日　期	

1. 测量目的

2. 测量步骤

3. 测量要领

二、拓展学习

(1) 如果是批量加工生产活塞三件套，在加工过程中如何提高生产效率？

(2) 对活塞三件套装配零件的表面处理可选用哪些方法？其中哪一种最好？为什么？

学习活动 5　工作总结与评价

学习目标

(1) 能按分组情况，分别派代表展示工作成果，说明本次任务的完成情况，并作分析总结。

(2) 能结合自身任务完成情况，正确、规范地撰写工作总结(心得体会)。

(3) 能就本次任务中出现的问题提出改进措施。

(4) 能对学习与工作进行反思与总结，并能与他人开展良好合作，进行有效的沟通。

建议学时

2 学时。

学习过程

一、展示与评价

把个人制作好的活塞三件套先进行分组展示，再由小组推荐代表做必要的介绍。在展示过程中，以组为单位进行评价；评价完成后，根据其他组成员对本组展示成果的评价意见进行归纳总结，完成下列选项。

(1) 展示的活塞三件套符合技术标准吗？

合格□　　　　不良□　　　　返修□　　　　报废□

(2) 与其他组相比，本小组的活塞三件套工艺如何？

　　　　工艺优化□　　　工艺合理□　　　　工艺一般□

(3) 本小组介绍成果表达是否清晰？

　　　很好□　　　　　　一般，常补充□　　　　　不清晰□

(4) 本小组演示活塞三件套检测方法时操作正确吗？

　　　正确□　　　　　部分正确□　　　　　不正确□

(5) 本小组演示操作时遵循了"6S"的工作要求吗？

　　　符合工作要求□　　　　忽略了部分要求□　　　　完全没有遵循□

(6) 本小组成员的团队创新精神如何？

　　　良好□　　　　　一般□　　　　　不足□

二、自评总结(心得体会)

三、教师评价

(1) 找出各组的优点进行点评。

(2) 对任务完成过程中各组的缺点进行点评，并提出改进的方法。

(3) 对整个任务完成过程中出现的亮点和不足进行点评。

四、评价与分析

学习任务二评价表见表 2-18。

班级_____ 学生姓名_____ 学号_____

表 2-18 学习任务二评价表

项 目	自我评价			小组评价			教师评价		
	10～9	8～6	5～1	10～9	8～6	5～1	10～9	8～6	5～1
	占总评 10%			占总评 30%			占总评 60%		
学习活动 1									
学习活动 2									
学习活动 3									
学习活动 4									
学习活动 5									
协作精神									
纪律观念									
表达能力									
工作态度									
拓展能力									
小 计									

任课老师：_____ _____年_____月_____日

附：部分加工工艺内容

毛坯大小：$\phi 45 \times 105$、$\phi 65 \times 70$、$\phi 65 \times 45$。

1. 件一

利用一夹一顶装夹方式。

(1) 用 G71 粗车$\phi 42$、$\phi 37$、$\phi 28$、$\phi 22$ 外圆及其长度；

(2) 用 G70 精车$\phi 42$、$\phi 37$、$\phi 28$、$\phi 22$ 外圆及其长度；

(3) 掉头用 G71 粗车$\phi 16$、$\phi 20$ 及倒角；

(4) 用 G70 精车$\phi 16$、$\phi 20$ 及倒角。

2. 件二

夹$\phi 70$ 外圆，伸出长 55、钻$\phi 18$ 通孔。

(1) 用 G71 粗车$\phi 63$ 及倒角；

(2) 用 G70 精车$\phi 63$ 及倒角；

(3) 用 G71 粗车内螺纹小径和$\phi 42$、$\phi 20$ 内孔及倒角；

(4) 用 G70 精车内螺纹小径和$\phi 42$、$\phi 20$ 内孔及倒角；

(5) 用 G01 切内沟槽；

(6) 用 G92 粗精车 M48 × 1.5 内螺纹至尺寸；

(7) 掉头、控制总长，用 G71 粗车 ϕ63、ϕ58 外圆及倒角；

(8) 用 G70 精车 ϕ63、ϕ58 外圆及倒角；

(9) 用 G71 粗车 ϕ48、ϕ34 内孔及倒角；

(10) 用 G70 精车 ϕ48、ϕ34 内孔及倒角。

3. 件三

夹 70 外圆，伸出长 35、钻 ϕ23 通孔。

(1) 用 G71 粗车 ϕ25、ϕ30、ϕ37 内孔；

(2) 用 G70 精车 ϕ25、ϕ30、ϕ37 内孔；

(3) 用 G71 粗车 M48 × 1.5 外螺纹大径、ϕ63 外圆和倒角；

(4) 用 G70 精车 M48 × 1.5 外螺纹大径、ϕ63 外圆和倒角；

(5) 用 G01 或 G75 切外槽至尺寸；

(6) 用 G92 粗精车外螺纹至尺寸；

(7) 掉头夹 ϕ63、控制总长，用 G71 粗车 ϕ35 外圆及倒角；

(8) 用 G70 精车 ϕ35 外圆及倒角。

本课题重点：三件零件的配合表面在各自加工中，必须保证在一次装夹中车削完成。

学习任务三　螺纹三件套的加工

学习目标

(1) 能独立阅读生产任务单，正确分析螺纹三件套零件图样，正确识读螺纹三件套工艺卡，制定合理的工作进度计划。

(2) 能根据零件图样，结合生产现场条件，查阅切削手册，确定零件的加工方法和加工路线，选定加工刀具并确定切削用量，规范地填写螺纹三件套零件的车削加工工序卡。

(3) 能根据零件图的几何尺寸设定坐标系，进行数值计算，计算出编程时所需要的各点坐标值，选定刀位数据。

(4) 能根据刀具运动轨迹坐标值、选定的刀具切削参数和确定的加工顺序编写加工程序。

(5) 能根据螺纹三件套图样工艺要求，正确规范地领取材料和工、量、刃、夹具。

(6) 能根据操作提示，严格按照机床操作规程完成螺纹三件套零件的加工，对加工完成的零件进行质量检测，并对加工中出现的问题提出改进措施。

(7) 能按国家环保相关规定和安全文明生产要求整理现场，合理保养维护工、量、刃、夹具及设备，正确处置废油液等废弃物；能严格按照车间管理规定，正确规范地交接班和保养车床。

(8) 能正确规范地选择和使用工、量具检测螺纹三件套的整体质量，根据检测结果，分析误差产生的原因，并提出改进措施。

(9) 能主动获取有效信息，对学习与工作进行反思与总结，并能与他人开展良好合作，进行有效的沟通。

建议学时

28 学时。

工作情境描述

某单位业务部门接到一批螺纹三件套的订单，数量为 30 套，工期为 5 天，客户提供样件、图样和材料。现生产部门安排我机械加工组完成此加工任务。

(1) 螺纹三件套装配图如图 3-1 所示。

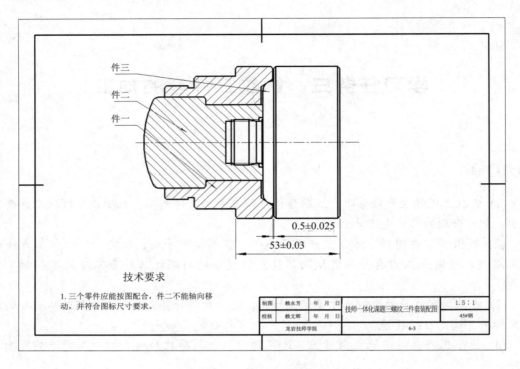

图 3-1　螺纹三件套装配图

(2) 轴套图样如图 3-2 所示。

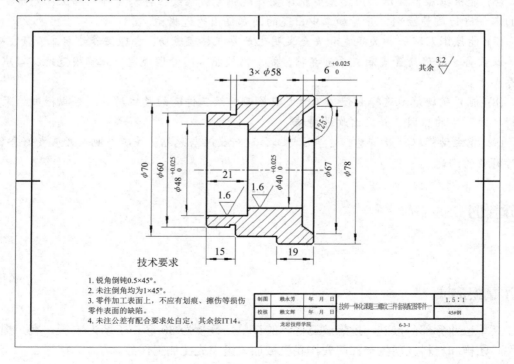

图 3-2　轴套图样

(3) 螺纹套图样如图 3-3 所示。

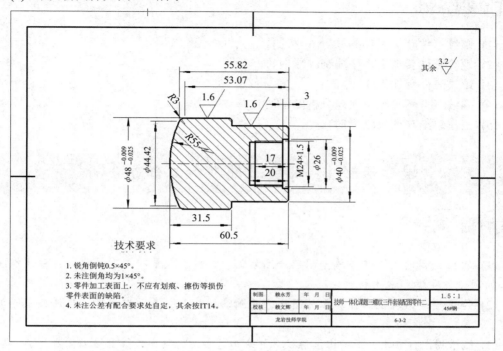

图 3-3　螺纹套图样

(4) 螺纹轴图样如图 3-4 所示。

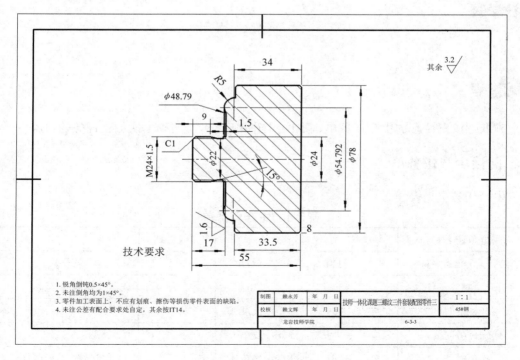

图 3-4　螺纹轴图样

工作流程与活动

(1) 螺纹三件套加工任务分析(6 学时)。
(2) 螺纹三件套加工工序编制(4 学时)。
(3) 螺纹三件套加工(14 学时)。
(4) 螺纹三件套装配及误差分析(2 学时)。
(5) 工作总结与评价(2 学时)。

学习活动 1　螺纹三件套加工任务分析

学习目标

(1) 能独立阅读生产任务单，明确产品名称、材料、数量和工期等要求，叙述螺纹三件套的用途、种类和常用材料。
(2) 能正确分析螺纹三件套零件图样，明确结构特点、表面粗糙度、几何公差等加工要求。
(3) 能根据图样要求，正确识读螺纹三件套工艺卡，明确加工所需的工、量、刃、夹具。
(4) 能依据任务要求，制定合理的工作进度计划。

建议学时

6 学时。

学习过程

领取螺纹三件套的生产任务单、零件图样和工艺卡，明确本次加工任务的内容。

一、阅读生产任务单

生产任务单见表 3-1。

表 3-1　生产任务单

需方单位名称				完成日期	年　　月　　日	
序号	产品名称	材料	数量	技术标准、质量要求		
1	螺纹三件套	45 钢	30 套	按图样要求		
生产批准时间	年　月　日		批准人			
通知任务时间	年　月　日		发单人			
接单时间	年　月　日		接单人		生产班组	机械加工组

叙述螺纹三件套的用途、种类和常用材料等。

1. 用途

2. 种类

3. 常用材料

二、分析零件图样

1. 分析螺纹三件套零件 1——轴套图样

轴套图样如图 3-5 所示。

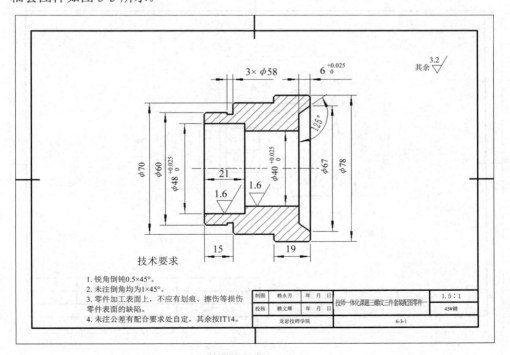

技术要求

1. 锐角倒钝0.5×45°。
2. 未注倒角均为1×45°。
3. 零件加工表面上，不应有划痕、擦伤等损伤零件表面的缺陷。
4. 未注公差有配合要求处自定，其余按IT14。

制图	赖永芳	年　月　日	技师一体化课题三螺纹三件套装配图零件一	1.5:1
校核	赖文辉	年　月　日		45#钢
龙岩技师学院			6-3-1	

图 3-5　轴套图样

(1) 叙述轴套的结构组成及各部分的作用。

(2) 图 3-5 零件有无漏掉某尺寸或者尺寸标注不清，从而影响零件的编程。若发现问题，应向设计人员或者工艺制定部门请示并提出修改意见。

(3) 需采用哪些准备功能指令？加工哪些部位？

2. 分析螺纹三件套零件 2——螺纹套图样

螺纹套图样如图 3-6 所示。

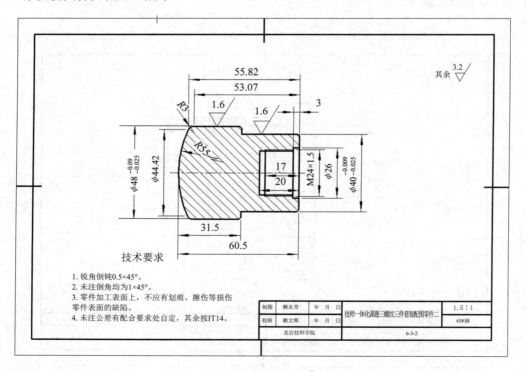

图 3-6　螺纹套图样

(1) 叙述螺纹套的结构组成及各部分的作用。

(2) 螺纹三件套零件 2——螺纹套需采用哪些准备功能指令？加工哪些部位？

3. 分析螺纹三件套零件 3——螺纹轴图样

螺纹轴图样如图 3-7 所示。

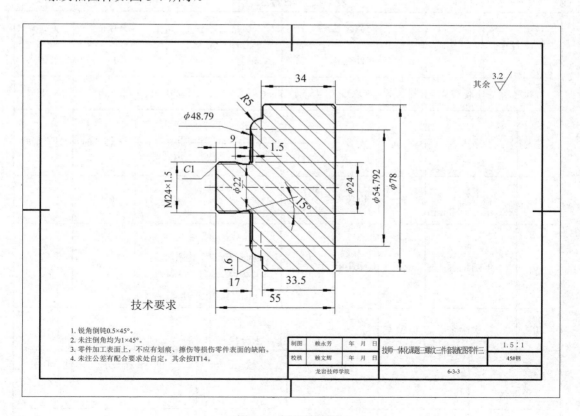

图 3-7 螺纹轴图样

(1) 叙述螺纹轴的结构组成及各部分的作用。

(2) 螺纹三件套零件 3——螺纹轴需采用哪些准备功能指令？加工哪些部位？

三、识读工艺卡

1. 识读螺纹三件套零件 1——轴套工艺卡

轴套工艺卡见表 3-2。

表 3-2　轴套工艺卡

单位名称		产品名称		螺纹三件套		图号	6-3-1
		零件名称		轴套	数量	30	第 1 页
材料种类	低碳钢	材料牌号 Q235	45 钢	毛坯尺寸	ϕ80 mm × 60 mm		共 1 页
工序号	工序内容	车间	设备	工具			计划工时	实际工时
				夹具	量具	刃具		
01	下料 ϕ80 mm × 60 mm	金	锯床	机用平口钳	钢直尺	锯条	20 min	
10	车削轴套	车	CK6140	三爪自定心卡盘	游标卡尺 千分尺	外圆车刀 内孔车刀 切槽刀 中心钻	60 min	
20	检验	检验室			游标卡尺 千分尺		20 min	
更改号			拟 定		校 正	审 核		批 准
更改者								
日　期								

2. 识读螺纹三件套零件2——螺纹套工艺卡

螺纹套工艺卡见表3-3。

表 3-3　螺纹套工艺卡

单位名称		产品名称		螺纹三件套		图号		6-3-2
		零件名称		螺纹套	数量	30		第1页
材料种类	低碳钢	材料牌号 Q235	45钢	毛坯尺寸		$\phi 50$ mm × 65 mm		共1页
工序号	工序内容	车间	设备	工　具			计划工时	实际工时
				夹具	量具	刀具		
01	下料 $\phi 50$ mm × 65 mm	金	锯床	机用平口钳	钢直尺	锯条	20 min	
10	钻　孔	车	CK6140	三爪自定心卡盘	游标卡尺	麻花钻头	5 min	
20	车削螺纹套	车	CK6140	三爪自定心卡盘	游标卡尺 千分尺 内径千分尺	外圆车刀 内孔车刀 偏刀 螺纹车刀	60 min	
30	检验	检验室			游标卡尺 千分尺 内径千分尺轴套		20 min	
更改号		拟定		校正		审核		批准
更改者								
日　期								

根据图样与工艺分析,在表3-4中列出加工螺纹套所使用的刀具、夹具及量具的名称、型号规格和用途。

表 3-4　加工螺纹套的刀具、夹具及量具

类别	名　称	型号规格	用　途
刀具			
夹具			
量具			

3. 识读螺纹三件套零件 3——螺纹轴工艺卡

螺纹轴工艺卡见表 3-5。

表 3-5　螺纹轴工艺卡

单位名称		产品名称	螺纹三件套		图号	6-1-3
		零件名称	轴套	数量	30	第 1 页
材料种类	低碳钢	材料牌号 Q235 45 钢	毛坯尺寸	$\phi80\,mm \times 60\,mm$		共 1 页

工序号	工序内容	车间	设备	工具			计划工时	实际工时
				夹具	量具	刃具		
01	下料 $\phi80\,mm \times 60\,mm$	金	锯床	机用平口钳	钢直尺	锯条	20 min	
10	车削螺纹轴	车	CK6140	三爪自定心卡盘	游标卡尺 千分尺 内径千分尺	外圆车刀 螺纹车刀 切槽刀	60 min	
20	检验	检验室			游标卡尺 千分尺 内径千分尺螺纹套		20 min	

更改号		拟 定	校 正	审 核	批 准
更改者					
日　期					

(1) 螺纹三件套零件的关键尺寸有哪些？零件图样中所标注的基准都在什么部位？

(2) 找出轴套零件图样上尺寸精度及表面结构要求较高的加工表面，并记录下来。

(3) 根据图样与工艺分析，在表 3-6 中列出加工轴套所使用的刀具、夹具及量具的名称、型号规格和用途。

表 3-6　加工轴套的刀具、夹具及量具

类别	名　称	型号规格	用　途
刀具			
夹具			
量具			

四、制订工作进度计划

本生产任务工期为 5 天，依据任务要求，制订合理的工作进度计划，并根据小组成员的特点进行分工，工作进度安排及分工见表 3-7。

表 3-7　工作进度安排及分工

序号	工作内容	时　间	成员	负责人

学习活动 2　螺纹三件套加工工序编制

学习目标

(1) 能根据零件图样，结合加工图例，确定螺纹三件套零件车削加工步骤。

(2) 能根据加工步骤，结合生产现场条件，查阅切削手册，正确规范地制定螺纹三件套零件的车削加工工序卡。

建议学时

4 学时。

学习过程

一、制定螺纹三件套零件 1——轴套车削加工工序卡

轴套车削加工工序卡见表 3-8。

表 3-8　轴套车削加工工序卡

轴套工序卡片		产品型号		零件图号			
		产品名称		零件名称		共　页	第　页
		车间	工序号	工序名称	材料牌号		
		毛坯种类	毛坯外形尺寸	每毛坯可制件数	每台件数		
		设备名称	设备型号	设备编号	同时加工件数		
		夹具编号		夹具名称	切削液		
		工位器具编号	工位器具名称	工序工时/min			
				准终		单件	
工步号	工步内容	工艺装备	主轴转速/(r/min)	切削速度/(m/min)	进给量/(mm/r)	切削深度	进给次数	工步工时/s 机动	辅助

		设计(日期)	校对(日期)	审核(日期)	标准化(日期)	会签(日期)

二、制定螺纹三件套零件2——螺纹套车削加工工序卡

螺纹套车削加工工序卡见表3-9。

表3-9　螺纹套车削加工工序卡

螺纹套工序卡片		产品型号			零件图号				
		产品名称			零件名称			共　页	第　页
		车间		工序号		工序名称		材料牌号	
		毛坯种类		毛坯外形尺寸		每毛坯可制件数		每台件数	
		设备名称		设备型号		设备编号		同时加工件数	
		夹具编号			夹具名称			切削液	
		工位器具编号		工位器具名称		工序工时/min			
							准终		单件
工步号	工步内容	工艺装备	主轴转速/(r/min)	切削速度/(m/min)	进给量/(mm/r)	切削深度	进给次数	工步工时/s	
								机动	辅助
		设计(日期)		校对(日期)		审核(日期)		标准化(日期)	会签(日期)

三、制定螺纹三件套零件 3——螺纹轴车削加工工序卡

螺纹轴车削加工工序卡见表 3-10。

表 3-10　螺纹轴车削加工工序卡

螺纹轴工序卡片		产品型号		零件图号			
		产品名称		零件名称		共　页	第　页
	车间		工序号		工序名称		材料牌号
	毛坯种类		毛坯外形尺寸		每毛坯可制件数		每台件数
	设备名称		设备型号		设备编号		同时加工件数
	夹具编号			夹具名称			切削液
	工位器具编号		工位器具名称		工序工时/min		
					准终		单件

工步号	工步内容	工艺装备	主轴转速/(r/min)	切削速度/(m/min)	进给量/(mm/r)	切削深度	进给次数	工步工时/s	
								机动	辅助
			设计(日期)	校对(日期)	审核(日期)	标准化(日期)		会签(日期)	

学习活动 3　螺纹三件套加工

学习目标

(1) 能根据螺纹三件套图样要求，到材料库正确、规范地领取材料。

(2) 能根据螺纹三件套图样工艺要求，到工具库正确、规范地领取工、量、刃、夹具。

(3) 能根据螺纹三件套图样要求，合理刃磨内孔车刀、偏刀和外圆车刀。

(4) 能根据螺纹三件套加工操作提示，严格按照机床操作规程完成螺纹三件套零件的加工，对加工完成的零件进行质量检测，并对加工中出现的问题提出改进措施。

(5) 能按国家环保相关规定和安全文明生产要求整理现场，正确使用和保养维护工、量、刃、夹具及设备，正确处置废油液等废弃物；能严格按照车间管理规定，正确规范地交接班和保养车床。

建议学时

14 学时。

学习过程

一、填写领料单并领取材料

领料单见表 3-11。

表 3-11　领　料　单

领料部门				产品名称及数量		
领料单号				零件名称及数量		
材料名称	材料规格及型号	单位	数量		单价	总价
			请领	实发		
材料用途说明	材料仓库	主管	发料数量	领料部门	主管	领料数量

二、汇总工、量、刃、夹具清单并领取工、量、刃、夹具

工、量、刃、夹具清单见表 3-12。

表 3-12　工、量、刃、夹具清单

序号	名　称	型　号　规　格	数量	需领用数量

三、完成螺纹三件套零件加工和质量检测

1. 螺纹三件套零件 1——轴套加工

(1) 按照轴套车削操作过程的提示，在实训场地完成轴套的车削加工，轴套车削操作过程见表 3-13。

表 3-13　轴套车削操作过程

操作步骤	操作要点
1. 加工前准备工作	(1) 按操作规程，加工零件前先检查各电气设施，以及手柄、传动部位、防护、限位装置是否齐全可靠、灵活，然后完成机床润滑、预热等准备工作 (2) 根据车间要求，合理放置毛坯料、刀具、量具、图样、工序卡等
2. 轴套车削加工	(1) 合理安装刀具 (2) 合理装夹毛坯料 (3) 根据轴套车削加工工序卡，规范操作车床车削轴套以达到图样要求，及时合理做好在线检测工作 (4) 根据检测表，合理检测车削完成的轴套
3. 加工后整理工作	加工完毕后，正确放置零件，并进行产品交接确认；按照国家环保相关规定和车间要求整理现场，正确处置废油液等废弃物；按车间规定填写交接班记录和设备日常保养记录卡

(2) 加工完成后，将加工过程中出现的问题记录下来，分析问题并写出改进措施。

2. 螺纹三件套零件 2——螺纹套加工

(1) 按照螺纹套车削操作过程的提示，在实训场地完成螺纹套的车削加工，螺纹套车削操作过程见表 3-14。

表 3-14　螺纹套车削操作过程

操作步骤	操 作 要 点
1. 加工前准备工作	(1) 按操作规程，加工零件前先检查各电气设施，以及手柄、传动部位、防护、限位装置是否齐全可靠、灵活，然后完成机床润滑、预热等准备工作 (2) 根据车间要求，合理放置毛坯料、刀具、量具、图样、工序卡等
2. 螺纹套车削加工	(1) 合理安装刀具 (2) 合理装夹毛坯料 (3) 根据螺纹套车削加工工序卡，规范操作车床车削螺纹套以达到图样要求，及时合理做好在线检测工作 (4) 根据检测表，合理检测车削完成的螺纹套
3. 加工后整理工作	加工完毕后，正确放置零件，并进行产品交接确认；按照国家环保相关规定和车间要求整理现场，正确处置废油液等废弃物；按车间规定填写交接班记录和设备日常保养记录卡

(2) 加工完成后，将加工过程中出现的问题记录下来，分析问题并写出改进措施。

3. 螺纹三件套零件 3——螺纹轴加工

(1) 按照螺纹轴车削操作过程的提示，在实训场地完成螺纹轴的车削加工，螺纹轴车削操作过程见表 3-15。

表 3-15　螺纹轴车削操作过程

操作步骤	操 作 要 点
1. 加工前准备工作	(1) 按操作规程，加工零件前先检查各电气设施，以及手柄、传动部位、防护、限位装置是否齐全可靠、灵活，然后完成机床润滑、预热等准备工作 (2) 根据车间要求，合理放置毛坯料、刀具、量具、图样、工序卡等
2. 螺纹轴车削加工	(1) 合理安装刀具 (2) 合理装夹毛坯料 (3) 根据螺纹轴车削加工工序卡，规范操作车床车削螺纹轴以达到图样要求，及时合理做好在线检测工作 (4) 根据检测表，合理检测车削完成的螺纹轴
3. 加工后整理工作	加工完毕后，正确放置零件，并进行产品交接确认；按照国家环保相关规定和车间要求整理现场，正确处置废油液等废弃物；按车间规定填写交接班记录和设备日常保养记录卡

(2) 加工完成后，将加工过程中出现的问题记录下来，分析问题并写出改进措施。

4. 质量检测

对车削加工完成的螺纹三件套进行质量检测，并把检测结果填入表3-16。

表 3-16　螺纹三件套车削质量检测表

序号	考核要求		配分	自检		得分	互检		得分	专检		得分
	IT	Ra		IT	Ra		IT	Ra		IT	Ra	
1	$\phi 48^{-0.009}_{-0.025}$	1.6	6 + 3									
2	$\phi 40^{-0.009}_{-0.025}$	1.6	6 + 3									
3	$\phi 48^{+0.025}_{0}$	1.6	6 + 3									
4	$\phi 40^{+0.025}_{0}$	1.6	6 + 3									
5	外螺纹 M24 × 1.5	1.6	6 + 3									
6	内 M24 × 1.5	1.6	6 + 3									
7	3 × $\phi 58$	1.6	2									
8	$6^{+0.025}_{0}$	1.6	3									
9	直径自由公差9处	1.6	2 + 1									
10	长度12处		12									
11	倒角9处		9									
12	圆弧3处	1.6	每处2 + 1									
13	安全文明生产		10									
	合　计		100									
	签　字											
	实训教师签字											
									时间：　　年　　月　　日			

学习活动 4　螺纹三件套装配及误差分析

学习目标

(1) 能正确、规范地组装螺纹三件套。

(2) 能根据螺纹三件套的检测结果，分析误差产生的原因，并提出改进措施。

建议学时

2 学时。

学习过程

一、误差分析

根据螺纹三件套装配的检测结果进行误差分析，将分析结果填写在表 3-17 中。

表 3-17 误差分析表

测量内容		零件名称	
测量工具和仪器		测量人员	
班　级		日　期	

1. 测量目的

2. 测量步骤

3. 测量要领

二、拓展学习

(1) 如果是批量加工生产螺纹三件套，在加工过程中如何提高生产效率？

(2) 对螺纹三件套装配零件的表面处理可选用哪些方法？其中哪一种最好？为什么？

学习活动5　工作总结与评价

学习目标

(1) 能按分组情况，分别派代表展示工作成果，说明本次任务的完成情况，并作分析总结。

(2) 能结合自身任务完成情况，正确、规范地撰写工作总结(心得体会)。

(3) 能就本次任务中出现的问题提出改进措施。

(4) 能对学习与工作进行反思与总结，并能与他人开展良好合作，进行有效的沟通。

建议学时

2 学时。

学习过程

一、展示与评价

把个人制作好的螺纹三件套先进行分组展示，再由小组推荐代表做必要的介绍。在展示过程中，以组为单位进行评价；评价完成后，根据其他组成员对本组展示成果的评价意见进行归纳总结，完成下列选项。

(1) 展示的螺纹三件套符合技术标准吗？

合格□　　　不良□　　　返修□　　　报废□

(2) 与其他组相比，本小组的螺纹三件套工艺如何？

  工艺优化□ 工艺合理□   工艺一般□

(3) 本小组介绍成果表达是否清晰？

  很好□   一般，常补充□ 不清晰□

(4) 本小组演示螺纹三件套检测方法时操作正确吗？

  正确□   部分正确□ 不正确□

(5) 本小组演示操作时遵循了"6S"的工作要求吗？

  符合工作要求□ 忽略了部分要求□ 完全没有遵循□

(6) 本小组成员的团队创新精神如何？

  良好□   一般□ 不足□

二、自评总结(心得体会)

三、教师评价

(1) 找出各组的优点进行点评。

(2) 对任务完成过程中各组的缺点进行点评，并提出改进的方法。

(3) 对整个任务完成过程中出现的亮点和不足进行点评。

四、评价与分析

学习任务三评价表见表 3-18。

班级＿＿＿＿＿＿＿　　学生姓名＿＿＿＿＿＿＿　　学号＿＿＿＿＿＿＿

表 3-18　学习任务三评价表

项　目	自我评价			小组评价			教师评价		
	10～9	8～6	5～1	10～9	8～6	5～1	10～9	8～6	5～1
	占总评 10%			占总评 30%			占总评 60%		
学习活动 1									
学习活动 2									
学习活动 3									
学习活动 4									
学习活动 5									
协作精神									
纪律观念									
表达能力									
工作态度									
拓展能力									
小　计									

任课老师：＿＿＿＿＿＿　　　　　　　　　　＿＿＿＿年＿＿＿＿月＿＿＿＿日

附：部分加工工艺内容

毛坯大小：$\phi 80 \times 60$　　(2 件)，$\phi 50 \times 65$(1 件)。

1. 件一

夹 $\phi 80$ 毛坯，伸出长 45 mm，用 $\phi 23$ 麻花钻钻通孔。

(1) 用 G71 粗车 $\phi 60$、$\phi 70$ 及倒角；

(2) 用 G70 精车 $\phi 60$、$\phi 70$ 及倒角；

(3) 用 G01 切外沟槽；

(4) 用 G71 粗车 $\phi 48$、$\phi 40$ 及倒角；

(5) 用 G70 精车 $\phi 48$、$\phi 40$ 及倒角，掉头夹 $\phi 70$，较正，控制总长；

(6) 用 G71 粗车 $\phi 78$ 及倒角；

(7) 用 G70 精车 $\phi 78$ 及倒角；

(8) 用 G72 粗车内锥面；

(9) 用 G70 精车内锥面。

2. 件二

夹 ϕ50 毛坯外圆，伸出长 55、钻 ϕ18 孔，长度为 20 mm。

(1) 用 G71 粗车 ϕ48、ϕ40 及倒角；

(2) 用 G70 精车 ϕ48、ϕ40 及倒角；

(3) 用 G71 粗车内螺纹小径和 ϕ26 内孔及倒角；

(4) 用 G70 精车内螺纹小径和 ϕ26 内孔及倒角；

(5) 用 G92 粗精车 M24 × 1.5 内螺纹至尺寸，掉头夹 ϕ40 外圆、较正、控制总长；

(6) 用 G71 粗车 R55、R3；

(7) 用 G70 精车 R55、R3。

3. 件三

夹 80 毛坯外圆，伸出长 38 mm。

(1) 用 G71 粗车 ϕ78 外圆及倒角；

(2) 用 G70 精车 ϕ78 外圆及倒角，掉头夹 78、控制总长；

(3) 用 G71 粗车 M24 × 1.5 外螺纹大径、R5 和倒角；

(4) 用 G70 精车 M24 × 1.5 外螺纹大径、R5 和倒角；

(5) 用 G01 切外槽和端面槽至尺寸；

(6) 用 G92 粗精车外螺纹至尺寸。

本课题重点：三件零件的配合表面在各自加工中，必须保证在一次装夹中车削完成。

学习任务四　球配四件套的加工

学习目标

(1) 能独立阅读生产任务单，正确分析球配四件套零件图样，正确识读球配四件套工艺卡，制定合理的工作进度计划。

(2) 能根据零件图样，结合生产现场条件，查阅切削手册，确定零件的加工方法和加工路线，选定加工刀具并确定切削用量，规范地填写球配四件套零件的车削加工工序卡。

(3) 能根据零件图的几何尺寸设定坐标系，进行数值计算，计算出编程时所需要的各点坐标值，选定刀位数据。

(4) 能根据刀具运动轨迹坐标值、选定的刀具切削参数和确定的加工顺序编写加工程序。

(5) 能根据球配四件套图样工艺要求，正确规范地领取材料和工、量、刃、夹具。

(6) 能根据操作提示，严格按照机床操作规程完成球配四件套零件的加工，对加工完成的零件进行质量检测，并对加工中出现的问题提出改进措施。

(7) 能按国家环保相关规定和安全文明生产要求整理现场，合理保养维护工、量、刃、夹具及设备，正确处置废油液等废弃物；能严格按照车间管理规定，正确规范地交接班和保养车床。

(8) 能正确规范地选择和使用工、量具检测球配四件套的整体质量，根据检测结果，分析误差产生的原因，并提出改进措施。

(9) 能主动获取有效信息，对学习与工作进行反思与总结，并能与他人开展良好合作，进行有效的沟通。

建议学时

28 学时。

工作情境描述

某单位业务部门接到一批球配四件套的订单，数量为 30 套，工期为 5 天，客户提供样件、图样和材料。现生产部门安排我机械加工组完成此加工任务。

(1) 球配四件套装配图如图 4-1 所示。

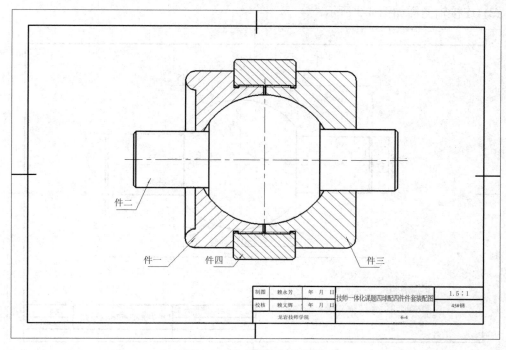

图 4-1　球配四件套装配图

(2) 球套(左)图样如图 4-2 所示。

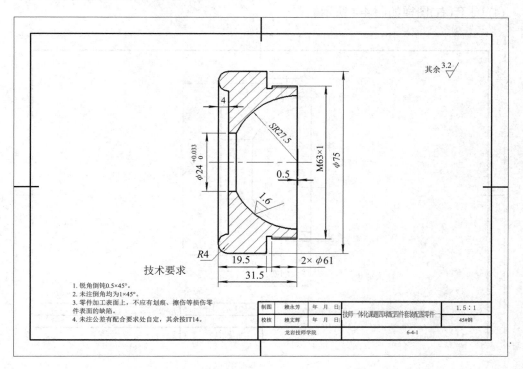

图 4-2　球套(左)图样

(3) 连接轴图样如图 4-3 所示。

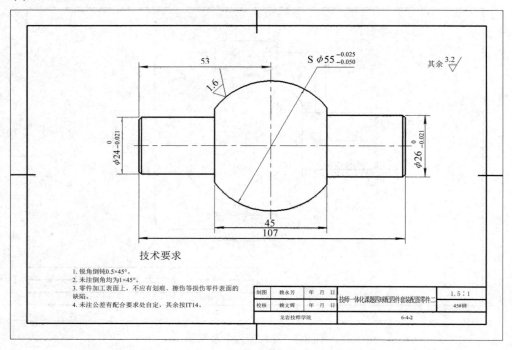

图 4-3　连接轴图样

(4) 球套(右)图样如图 4-4 所示。

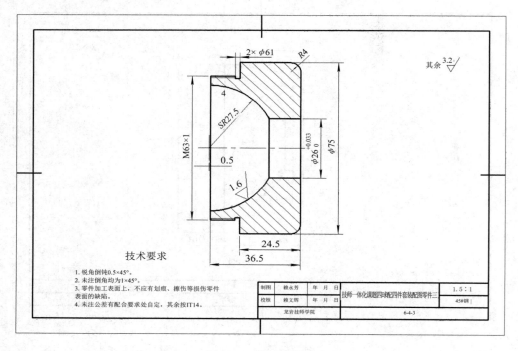

图 4-4　球套(右)图样

(5) 螺纹套图样如图 4-5 所示。

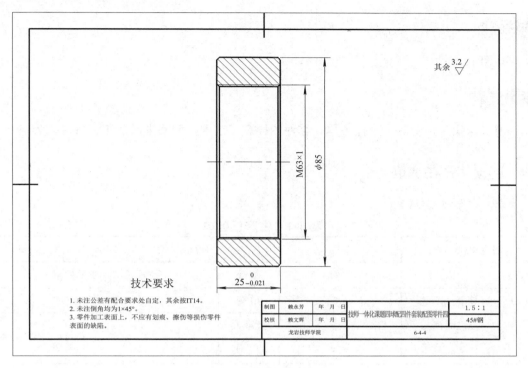

图 4-5　螺纹套图样

工作流程与活动

(1) 球配四件套加工任务分析(6 学时)。
(2) 球配四件套加工工序编制(4 学时)。
(3) 球配四件套加工(14 学时)。
(4) 球配四件套装配及误差分析(2 学时)。
(5) 工作总结与评价(2 学时)。

学习活动 1　球配四件套加工任务分析

学习目标

(1) 能独立阅读生产任务单，明确产品名称、材料、数量和工期等要求，叙述球配四件套的用途、种类和常用材料。

(2) 能正确分析球配四件套零件图样，明确结构特点、表面粗糙度、几何公差等加工要求。

(3) 能根据图样要求，正确识读球配四件套工艺卡，明确加工所需的工、量、刃、夹具。

(4) 能依据任务要求，制定合理的工作进度计划。

建议学时

6 学时。

学习过程

领取球配四件套的生产任务单、零件图样和工艺卡，明确本次加工任务的内容。

一、阅读生产任务单

生产任务单见表 4-1。

表 4-1　生产任务单

需方单位名称				完成日期	年　　月　　日	
序号	产品名称	材料	数量	技术标准、质量要求		
1	球配四件套	45 钢	30 套	按图样要求		
生产批准时间		年　　月　　日	批准人			
通知任务时间		年　　月　　日	发单人			
接单时间		年　　月　　日	接单人		生产班组	机械加工组

叙述球配四件套的用途、种类和常用材料等。

1. 用途

2. 种类

3. 常用材料

二、分析零件图样

1. 分析球配四件套零件 1——球套(左)图样

球套(左)图样如图 4-6 所示。

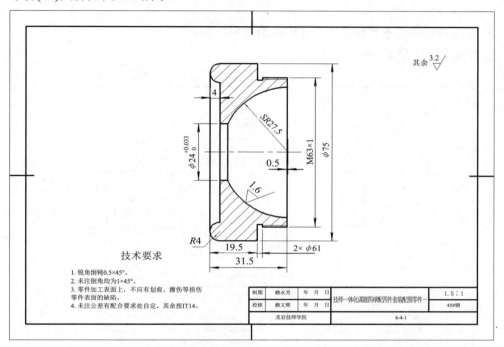

图 4-6　球套(左)图样

(1) 叙述球套(左)的结构组成及各部分的作用。

(2) 图 4-6 的零件有无漏掉某尺寸或者尺寸标注不清，从而影响零件的编程。若发现问题，应向设计人员或者工艺制定部门请示并提出修改意见。

(3) 图 4-6 的零件右端是螺纹，查阅资料，了解并说明螺纹的作用和加工要求。

(4) 球套(左)需采用哪些准备功能指令？加工哪些部位？

2. 分析球配四件套零件 2——连接轴图样

连接轴图样如图 4-7 所示。

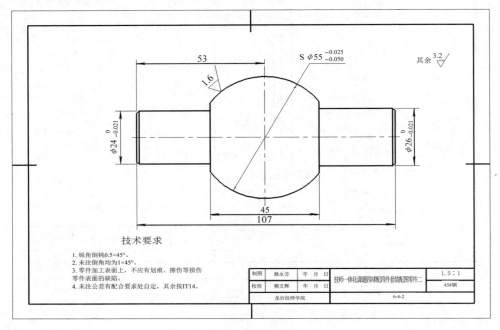

图 4-7　连接轴图样

(1) 叙述连接轴的结构组成及各部分的作用。

(2) 图 4-7 的零件中间是球面，查阅资料，了解并说明球面的加工要求。

(3) 叙述材料 45 钢牌号的含义，并列出其化学成分。

(4) 图 4-6 的球套(左)零件与图 4-7 的连接轴零件有什么关系？

(5) 连接轴需采用哪些准备功能指令？加工哪些部位？

3. 分析球配四件套零件 3——球套(右)图样

球套(右)图样如图 4-8 所示。

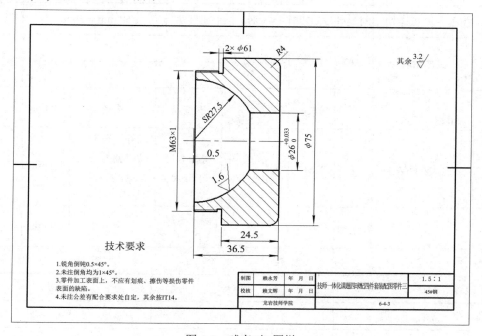

图 4-8　球套(右)图样

(1) 叙述球套(右)的结构组成及各部分的作用。

(2) 图 4-7 的连接轴零件与图 4-8 的球套(右)零件有什么关系？

(3) 加工球套(右)零件需采用哪些准备功能指令？加工哪些部位？

三、识读工艺卡

1. 识读球配四件套零件 1——球套(左)工艺卡

球套(左)工艺卡见表 4-2。

表 4-2　球套(左)工艺卡

单位名称		产品名称		球配四件套		图号		6-4-1
		零件名称		球套(左)	数量	30		第 1 页
材料种类	低碳钢	材料牌号 Q235	45 钢	毛坯尺寸		$\phi58$ mm × 50 mm		共 1 页
工序号	工序内容	车间	设备	工具			计划工时	实际工时
				夹具	量具	刃具		
01	下料 $\phi80$ mm × 50 mm	金	锯床	机用平口钳	钢直尺	锯条	20 min	
10	车削球套(左)	车	CK6140	三爪自定心卡盘	游标卡尺 千分尺	外圆车刀 偏刀 螺纹刀 中心钻	60 min	
20	检验	检验室			游标卡尺 千分尺		20 min	
更改号			拟 定		校 正	审 核		批 准
更改者								
日　期								

(1) 叙述低碳钢的机械性能和用途。

(2) 绘制外圆车刀的图样，并标注其主要参数。

(3) 根据图样与工艺分析，在表 4-3 中列出加工球套(左)所使用的刀具、夹具及量具的名称、型号规格和用途。

表 4-3　加工球套(左)的刀具、夹具及量具

类别	名　　称	型　号　规　格	用　途
刀具			
夹具			
量具			

2.　识读球配四件套零件 2——连接轴工艺卡

连接轴工艺卡见表 4-4。

表 4-4　连接轴工艺卡

单位名称		产品名称		球配四件套		图号		6-4-2
		零件名称		连接轴	数量	30		第 1 页
材料种类	低碳钢	材料牌号 Q235	45 钢	毛坯尺寸		$\phi60$ mm × 110 mm		共 1 页
工序号	工序内容	车间	设备	工　具			计划工时	实际工时
				夹具	量具	刀具		
01	下料 $\phi50$ mm × 70 mm	金	锯床	机用平口钳	钢直尺	锯条	20 min	
10	车削连接轴	车	CK6140	三爪自定心卡盘	游标卡尺 千分尺 内径千分尺	外圆车刀 偏刀	60 min	
20	检验	检验室			游标卡尺 千分尺 内径千分尺球套(左)		20 min	
更改号			拟定		校正		审核	批准
更改者								
日　期								

根据图样与工艺分析，在表 4-5 中列出加工连接轴所使用的刀具、夹具及量具的名称、型号规格和用途。

表 4-5　加工连接轴的刀具、夹具及量具

类别	名　　称	型　号　规　格	用　途
刀具			
夹具			
量具			

3. 识读球配四件套零件 3——球套(右)工艺卡

球套(右)工艺卡见表 4-6。

表 4-6　球套(右)工艺卡

<table>
<tr><td rowspan="2" colspan="2">单位名称</td><td rowspan="2"></td><td colspan="2">产品名称</td><td colspan="2">球配四件套</td><td>图号</td><td>6-4-3</td></tr>
<tr><td colspan="2">零件名称</td><td>球套(右)</td><td>数量</td><td>30</td><td>第 1 页</td></tr>
<tr><td colspan="2">材料种类</td><td>低碳钢</td><td colspan="2">材料牌号 Q235</td><td>45 钢</td><td>毛坯尺寸</td><td>ϕ80 mm × 50 mm</td><td>共 1 页</td></tr>
<tr><td rowspan="2">工序号</td><td rowspan="2">工序内容</td><td rowspan="2">车间</td><td rowspan="2">设备</td><td colspan="3">工　具</td><td>计划工时</td><td>实际工时</td></tr>
<tr><td>夹具</td><td>量具</td><td>刃具</td><td></td><td></td></tr>
<tr><td>01</td><td>下料
ϕ60 mm × 50 mm</td><td>金</td><td>锯床</td><td>机用
平口钳</td><td>钢直尺</td><td>锯条</td><td>20 min</td><td></td></tr>
<tr><td>10</td><td>钻通孔</td><td>车</td><td>CK6140</td><td>三爪
自定心
卡盘</td><td>游标卡尺</td><td>麻花钻头</td><td>5 min</td><td></td></tr>
<tr><td>20</td><td>车削球套(右)</td><td>车</td><td>CK6140</td><td>三爪
自定心
卡盘</td><td>游标卡尺
千分尺
内径千分尺</td><td>外圆车刀
内孔车刀
切槽刀</td><td>60 min</td><td></td></tr>
<tr><td>30</td><td>检验</td><td>检验室</td><td></td><td></td><td>游标卡尺
千分尺
内径千分尺连接轴</td><td></td><td>20 min</td><td></td></tr>
<tr><td>更改号</td><td></td><td>拟　定</td><td>校　正</td><td>审　核</td><td>批　准</td></tr>
<tr><td>更改者</td><td></td><td></td><td></td><td></td><td></td></tr>
<tr><td>日　期</td><td></td><td></td><td></td><td></td><td></td></tr>
</table>

(1) 球配四件套零件 3 的关键尺寸有哪些？零件图样中所标注的基准都在什么部位？

(2) 找出球套(右)零件图样上尺寸精度及表面结构要求较高的加工表面，并记录下来。

(3) 根据图样与工艺分析，在表 4-7 中列出加工球套(右)所使用的刀具、夹具及量具的名称、型号规格和用途。

表 4-7 加工球套(右)的刀具、夹具及量具

类别	名 称	型号规格	用 途
刀具			
夹具			
量具			

4. 识读球配四件套零件 4——轴套工艺卡

轴套工艺卡见表 4-8。

表 4-8 轴套工艺卡

单位名称		产品名称		球配四件套		图号		6-4-4
		零件名称		轴套(右)	数量	30		第 1 页
材料种类	低碳钢	材料牌号 Q235	45 钢	毛坯尺寸		$\phi90$ mm × 50 mm		共 1 页
工序号	工序内容	车间	设备	工 具			计划工时	实际工时
				夹具	量具	刀具		
01	下料 $\phi60$ mm × 50 mm	金	锯床	机用平口钳	钢直尺	锯条	20 min	
10	钻通孔	车	CK6140	三爪自定心卡盘	游标卡尺	麻花钻头	5 min	
20	车削轴套	车	CK6140	三爪自定心卡盘	游标卡尺 千分尺 内径千分尺	外圆车刀 内孔车刀 内螺纹刀	60 min	
30	检验	检验室			游标卡尺 千分尺 内径千分尺 连接轴		20 min	
更改号			拟 定		校 正	审 核		批 准
更改者								
日 期								

(1) 球配四件套零件 4 的关键尺寸有哪些？零件图样中所标注的基准都在什么部位？

(2) 找出轴套零件图样上尺寸精度及表面结构要求较高的加工表面，并记录下来。

(3) 根据图样与工艺分析，在表 4-9 中列出加工轴套所使用的刀具、夹具及量具的名称、型号规格和用途。

表 4-9　加工轴套的刀具、夹具及量具

类别	名　　称	型号规格	用　　途
刀具			
夹具			
量具			

四、制订工作进度计划

本生产任务工期为 5 天，依据任务要求，制订合理的工作进度计划，并根据小组成员的特点进行分工，工作进度安排及分工见表 4-10。

表 4-10　工作进度安排及分工

序号	工作内容	时间	成员	负责人

学习活动 2　球配四件套加工工序编制

学习目标

1. 能根据零件图样，结合加工图例，确定球配四件套零件车削加工步骤。
2. 能根据加工步骤，结合生产现场条件，查阅切削手册，正确规范地制定球配四件套零件的车削加工工序卡。

建议学时

4 学时。

学习过程

一、制定球配四件套零件1——球套(左)车削加工工序卡

球套(左)车削加工工序卡见表4-11。

表4-11 球套(左)车削加工工序卡

球套(左)工序卡片		产品型号		零件图号			
		产品名称		零件名称		共 页	第 页
	车间	工序号	工序名称	材料牌号			
	毛坯种类	毛坯外形尺寸	每毛坯可制件数	每台件数			
	设备名称	设备型号	设备编号	同时加工件数			
	夹具编号		夹具名称	切削液			
	工位器具编号	工位器具名称	工序工时/min				
			准终	单件			

工步号	工步内容	工艺装备	主轴转速/(r/min)	切削速度/(m/min)	进给量/(mm/r)	切削深度	进给次数	工步工时/s	
								机动	辅助

设计(日期)	校对(日期)	审核(日期)	标准化(日期)	会签(日期)

二、制定球配四件套零件 2——连接轴车削加工工序卡

连接轴车削加工工序卡见表 4-12。

表 4-12　连接轴车削加工工序卡

连接轴工序卡片		产品型号		零件图号			
		产品名称		零件名称		共　页	第　页
		车间	工序号	工序名称		材料牌号	
		毛坯种类	毛坯外形尺寸	每毛坯可制件数		每台件数	
		设备名称	设备型号	设备编号		同时加工件数	
		夹具编号		夹具名称		切削液	
		工位器具编号	工位器具名称	工序工时(min)			
				准终		单件	

工步号	工步内容	工艺装备	主轴转速/(r/min)	切削速度/(m/min)	进给量/(mm/r)	切削深度	进给次数	工步工时/s 机动	辅助

	设计(日期)	校对(日期)	审核(日期)	标准化(日期)	会签(日期)

三、制定球配四件套零件 3——球套(右)车削加工工序卡

球套(右)车削加工工序卡见表 4-13。

表 4-13　球套(右)车削加工工序卡

球套(右)工序卡片			产品型号		零件图号			
			产品名称		零件名称		共　页	第　页
			车间	工序号	工序名称	材料牌号		
			毛坯种类	毛坯外形尺寸	每毛坯可制件数	每台件数		
			设备名称	设备型号	设备编号	同时加工件数		
			夹具编号		夹具名称	切削液		
			工位器具编号	工位器具名称	工序工时/min			
					准终	单件		

工步号	工步内容	工艺装备	主轴转速/(r/min)	切削速度/(m/min)	进给量/(mm/r)	切削深度	进给次数	工步工时/s	
								机动	辅助

	设计(日期)	校对(日期)	审核(日期)	标准化(日期)	会签(日期)

学习活动 3　球配四件套加工

学习目标

(1) 能根据球配四件套图样要求，到材料库正确、规范地领取材料。

(2) 能根据球配四件套图样工艺要求，到工具库正确、规范地领取工、量、刃、夹具。

(3) 能根据球配四件套图样要求，合理刃磨内孔车刀、偏刀和外圆车刀。

(4) 能根据操作提示，严格按照机床操作规程完成球配四件套零件的加工，对加工完成的零件进行质量检测，并对加工中出现的问题提出改进措施。

(5) 能按国家环保相关规定和安全文明生产要求整理现场，正确使用和保养维护工、量、刃、夹具及设备，正确处置废油液等废弃物；能严格按照车间管理规定，正确规范地交接班和保养车床。

建议学时

14 学时。

学习过程

一、填写领料单并领取材料

领料单见表 4-14。

表 4-14　领　料　单

领料部门		产品名称及数量	
领料单号		零件名称及数量	

材料名称	材料规格及型号	单位	数　量		单价	总价
			请领	实发		
材料用途说明	材料仓库	主管	发料数量	领料部门	主管	领料数量

二、汇总工、量、刃、夹具清单并领取工、量、刃、夹具

工、量、刃、夹具清单见表 4-15。

表 4-15　工、量、刃、夹具清单

序号	名　称	型　号　规　格	数量	需领用数量

三、完成球配四件套零件的加工和质量检测

1. 球配四件套零件 1——球套(左)加工

(1) 按照球套(左)车削操作过程的提示,在实训场地完成球套(左)的车削加工,球套(左)车削操作过程见表 4-16。

表 4-16　球套(左)车削操作过程

操作步骤	操　作　要　点
1. 加工前准备工作	(1) 按操作规程,加工零件前先检查各电气设施,以及手柄、传动部位、防护、限位装置是否齐全、可靠、灵活,然后完成机床润滑、预热等准备工作 (2) 根据车间要求,合理放置毛坯料、刀具、量具、图样、工序卡等
2. 球套(左)车削加工	(1) 合理安装刀具 (2) 合理装夹毛坯料 (3) 根据球套(左)车削加工工序卡,规范操作车床车削球套(左)以达到图样要求,及时合理做好在线检测工作 (4) 根据检测表,合理检测车削完成的球套(左)
3. 加工后整理工作	加工完毕后,正确放置零件,并进行产品交接确认;按照国家环保相关规定和车间要求整理现场,正确处置废油液等废弃物;按车间规定填写交接班记录和设备日常保养记录卡

(2) 加工完成后,将加工过程中出现的问题记录下来,分析问题并写出改进措施。

2. 球配四件套零件2——连接轴加工

(1) 按照连接轴车削操作过程的提示，在实训场地完成连接轴的车削加工，连接轴车削操作过程见表4-17。

表4-17　连接轴车削操作过程

操作步骤	操作要点
1. 加工前准备工作	(1) 按操作规程，加工零件前先检查各电气设施，以及手柄、传动部位、防护、限位装置是否齐全可靠、灵活，然后完成机床润滑、预热等准备工作 (2) 根据车间要求，合理放置毛坯料、刀具、量具、图样、工序卡等
2. 连接轴车削加工	(1) 合理安装刀具 (2) 合理装夹毛坯料 (3) 根据连接轴车削加工工序卡，规范操作车床车削连接轴以达到图样要求，及时合理做好在线检测工作 (4) 根据检测表，合理检测车削完成的连接轴
3. 加工后整理工作	加工完毕后，正确放置零件，并进行产品交接确认；按照国家环保相关规定和车间要求整理现场，正确处置废油液等废弃物；按车间规定填写交接班记录和设备日常保养记录卡

(2) 加工完成后，将加工过程中出现的问题记录下来，分析问题并写出改进措施。

3. 球配四件套零件3——球套(右)加工

(1) 按照球套(右)车削操作过程的提示，在实训场地完成球套(右)的车削加工，球套(右)车削操作过程见表4-18。

表4-18　球套(右)车削操作过程

操作步骤	操作要点
1. 加工前准备工作	(1) 按操作规程，加工零件前先检查各电气设施，以及手柄、传动部位、防护、限位装置是否齐全可靠、灵活，然后完成机床润滑、预热等准备工作 (2) 根据车间要求，合理放置毛坯料、刀具、量具、图样、工序卡等
2. 球套(右)车削加工	(1) 合理安装刀具 (2) 合理装夹毛坯料 (3) 根据球套(右)车削加工工序卡，规范操作车床车削球套(右)以达到图样要求，及时合理做好在线检测工作 (4) 根据检测表，合理检测车削完成的球套(右)
3. 加工后整理工作	加工完毕后，正确放置零件，并进行产品交接确认；按照国家环保相关规定和车间要求整理现场，正确处置废油液等废弃物；按车间规定填写交接班记录和设备日常保养记录卡

(2) 加工完成后，将加工过程中出现的问题记录下来，分析问题并写出改进措施。

4. 球配四件套零件4——轴套加工

(1) 按照轴套车削操作过程的提示，在实训场地完成轴套的车削加工，轴套车削操作过程见表4-19。

表4-19 轴套车削操作过程

操作步骤	操作要点
1. 加工前准备工作	(1) 按操作规程，加工零件前先检查各电气设施，以及手柄、传动部位、防护、限位装置是否齐全、可靠、灵活，然后完成机床润滑、预热等准备工作 (2) 根据车间要求，合理放置毛坯料、刀具、量具、图样、工序卡等
2. 轴套车削加工	(1) 合理安装刀具 (2) 合理装夹毛坯料 (3) 根据轴套车削加工工序卡，规范操作车床车削轴套以达到图样要求，及时合理做好在线检测工作 (4) 根据检测表，合理检测车削完成的轴套
3. 加工后整理工作	加工完毕后，正确放置零件，并进行产品交接确认；按照国家环保相关规定和车间要求整理现场，正确处置废油液等废弃物；按车间规定填写交接班记录和设备日常保养记录卡

(2) 加工完成后，将加工过程中出现的问题记录下来，分析问题并写出改进措施。

5. 质量检测

对车削加工完成的球配四件套进行质量检测，并把检测结果填入表 4-20

表 4-20　球配四件套车削质量检测表

序号	项目	考核要求		配分	自检		得分	互检		得分
		IT	Ra		IT	Ra		IT	Ra	
1	外圆	$\phi 24^{\ 0}_{-0.021}$	1.6	6+3						
2		$\phi 26^{\ 0}_{-0.021}$	1.6	6+3						
3	外球面	$S\phi 55^{-0.025}_{-0.050}$	1.6	6+3						
4	内孔	$\phi 24^{+0.033}_{\ 0}$	1.6	6+3						
5		$\phi 26^{+0.033}_{\ 0}$	1.6	6+3						
6	内球面	$SR27.5$	1.6	6+3						
7		$SR27.5$	1.6	6+3						
8	内螺纹	M63×1	1.6	6+3						
9	外螺纹	M63×1	1.6	5+3						
10		M63×1	1.6	5+3						
11	长度	8处		4						
12	倒角	6处		3						
13	文明生产	现场目测		5						
	总分			100	得分			得分		

实训老师签字：

　　　　　　　　　　　　　　　　　　　　　　　　年　　月　　日

学习活动 4　球配四件套装配及误差分析

学习目标

(1) 能正确、规范地组装球配四件套。

(2) 能根据球配四件套的检测结果，分析误差产生的原因，并提出改进措施。

建议学时

2 学时。

学习过程

一、误差分析

根据球配四件套装配的检测结果进行误差分析，将分析结果填写在表 4-21 中。

表 4-21　误差分析表

测量内容		零件名称	
测量工具和仪器		测量人员	
班　级		日　期	

1. 测量目的

2. 测量步骤

3. 测量要领

二、拓展学习

(1) 如果是批量加工生产球配四件套，在加工过程中如何提高生产效率？

(2) 对球配四件套零件的表面处理可选用哪些方法？其中哪一种最好？为什么？

学习活动 5　　工作总结与评价

学习目标

(1) 能按分组情况，分别派代表展示工作成果，说明本次任务的完成情况，并作分析总结。

(2) 能结合自身任务完成情况，正确、规范、撰写工作总结(心得体会)。

(3) 能就本次任务中出现的问题提出改进措施。

(4) 能对学习与工作进行反思与总结，并能与他人开展良好合作，进行有效的沟通。

建议学时

2 学时。

学习过程

一、展示与评价

把个人制作好的球配四件套先进行分组展示，再由小组推荐代表做必要的介绍。在展示过程中，以组为单位进行评价；评价完成后，根据其他组成员对本组展示成果的评价意见进行归纳总结，完成下列选项。

(1) 展示的球配四件套符合技术标准吗？

　　合格□　　不良□　　返修□　　报废□

(2) 与其他组相比，本小组的球配四件套工艺如何？

　　工艺优化□　　　工艺合理□　　　工艺一般□

(3) 本小组介绍成果表达是否清晰？

　　很好□　　　一般，常补充□　　　不清晰□

(4) 本小组演示球配四件套检测方法时操作正确吗？

　　正确□　　部分正确□　　不正确□

(5) 本小组演示操作时遵循了"6S"的工作要求吗？

　　符合工作要求□　　　忽略了部分要求□　　　完全没有遵循□

(6) 本小组成员的团队创新精神如何？

　　良好□　　　一般□　　　不足□

二、自评总结(心得体会)

三、教师评价

(1) 找出各组的优点进行点评。

(2) 对任务完成过程中各组的缺点进行点评，并提出改进的方法。

(3) 对整个任务完成过程中出现的亮点和不足进行点评。

四、评价与分析

学习任务四评价表见表 4-22。

表 4-22　学习任务四评价表

班级＿＿＿＿＿＿　　　　学生姓名＿＿＿＿＿＿　　　　学号＿＿＿＿＿＿

项　目	自我评价			小组评价			教师评价		
	10～9	8～6	5～1	10～9	8～6	5～1	10～9	8～6	5～1
	占总评 10%			占总评 30%			占总评 60%		
学习活动 1									
学习活动 2									
学习活动 3									
学习活动 4									
学习活动 5									
协作精神									
纪律观念									
表达能力									
工作态度									
拓展能力									
小　计									

任课老师：＿＿＿＿＿＿　　　　　　　　＿＿＿＿年＿＿＿＿月＿＿＿＿日

学习任务五　整机几何精度的检测

学习目标

(1) 了解车床调水平的意义。
(2) 学会车床调水平方法。
(3) 了解整机几何精度的概念和意义。
(4) 掌握车床 13 项精度检测项目操作。
(5) 分析造成精度超差的原因。

学习活动 1　数控车床精度检测相关知识

一、认识和使用量具

量具名称、规格见表5-1。

表5-1　量具名称、规格

名　称	规　格
百分表	
杠杆百分表	
磁性表座	
条式水平仪	
水平胎	
等高棒	300
机床垫铁	
检验棒(主轴检棒)	$L = 300\ mm$
主轴顶尖	
莫氏主轴、平面胎	两样组成一套
自拆卸死顶尖	莫氏 4 号

二、车床调水平

1. 车床调水平的意义

车床水平的调整在机床的安装过程中是非常重要的，如果安装过程中水平误差过大，则会使车床在重力等原因影响下产生导轨变形，各部件失去原有正确的位置关系，从而导致车床几何精度的改变，造成车床磨损增大，缩短车床的使用寿命及降低车床的加工精度。

2. 检测机床水平的方法

检测机床水平的方法通常有以下三种。

(1) 水平仪测量法。水平仪测量法操作简单，使用方便，成本低廉，但精度较低(20 μm/m)，数据采集和整理较难，测量水平内直线度困难。水平仪测量法主要应用于测量较短导轨以及精度要求不高的场合。

(2) 自准直仪测量法。自准直仪测量法的精度比水平仪测量法高，但不易达到很高的精度(5 μm/m)，测量范围越大，偏差越大。自准直仪测量法主要应用于中等长度导轨直线度测量。

(3) 激光干涉仪测量法。激光干涉仪测量法的优点是测量距离大，测量速度快，测量精度高，而且可连续测量和采用微计算机进行数据处理、显示和打印。激光抗干扰能力强，尤其是抗空气扰动的能力强，因此它适用于车间等环境稍差些的场合应用，测量精度可达0.4 μm/m。激光干涉仪的价格昂贵，一般用于对精度要求很高的场合。

在实际工作中，通常根据机床的导轨长度、现场的工作条件及测量成本来判断适用哪种方式检测机床水平。

3. 车床水平调整方法

根据车床的规格和安装说明书，打好地基。把机床楔铁放置在要求的位置。

车床水平调整基本分为三步：粗调水平、精调水平、绘制直线误差曲线图。

1) 粗调水平

粗调水平，采用三点调整法，如图 5-1 所示为条式水平仪，使用两个 0.02 mm/m 条式水平仪，分别在机床导轨的两端和中间位置，初步测量和调整导轨横向和纵向的水平状态。要求全长水平在 5 格之内，即 0.1 mm。先调整横向水平，再调整纵向水平。

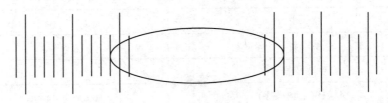

图 5-1　条式水平仪

(1) 将水平仪平稳地放在导轨平面上距离主轴最近的位置，水平仪的方向与导轨长度方向成 90°。调整水平仪中的水泡位置，尽量使其在中间的位置，如图 5-1 所示，待其平稳后，记录下水泡一端的位置，此位置为水平仪的零点。

(2) 将水平仪放在导轨的中间位置，待水泡静止后，记录水泡位置。水泡向哪边移动，说明哪边导轨平面高，远离哪边就说明哪边低。在高的那边向外调节楔铁，同时在低的那边向内调节楔铁，使水泡回到(或接近)零点的位置。

(3) 将水平仪放在导轨尾部位置，同步骤(2)的操作，使水泡在(或接近)零点位置。

往复步骤(1)~(3)，通过调节楔铁，控制水泡在三个位置的移动范围在 5 格之内。

(4) 纵向水平和横向水平的调整原理是一样的，但首先水平仪的方向与导轨长度方向一致，然后在确定哪端高或哪段低时，要同时拧紧横向的螺母或调节楔铁，直到水泡在导轨两端和中间三个位置的移动范围在 5 格之内为止。

2) 精调水平

精调水平采用分段调整法，即将导轨分成相等的若干整段来进行测量，并使头尾平稳地衔接，逐段检查并读数，然后确定水平仪气泡的运动方向和水平仪实际刻度及格数，进行记录，填写"+""−"符号，用画坐标图的方法来确定机床导轨直线度精度误差值。先调整二项水平，再调整一项水平。

(1) 二项水平的调整。二项水平是通过图 5-2 中的水平仪 B 来调整的。

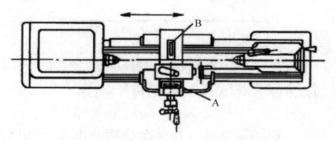

图 5-2 水平仪 A、B

调整水平仪的零点，并记录水泡的位置。每走一平，观察并记录水泡的位置，水泡向哪边移动就说明哪边高。高的那边要通过地脚螺母向下压，与此同时，与之相对应低的那边要通过楔铁向上起。

根据 GB/T4020—1997 的规定和测量时的条件，调整好的水平应为每平水泡的移动在 2 格之内。

(2) 一项水平的调整。测量导轨时，水平仪的气泡一般按照一个方向运动，机床导轨的凸凹是由水平仪的移动方向和该气泡的运动方向来确定的。

水平仪的移动方向与气泡的运动方向相同，呈凸，用符号"+"表示。水平仪的移动方向与气泡的运动方向相反，呈凹，用符号"−"表示。

调整机床水平时，通过调节地脚螺母(向下压)和楔铁(向上起)来控制水平仪中水泡的位置。

将两块水平仪分别放在如图 5-2 中 A、B 所示的位置，把床鞍移动至距离主轴箱最近的位置，然后调整并记录水平仪 A 的零点位置。首先通过水平仪 A 调整机床的一项水平，从左至右，每移动一平，待水泡静止后，记录水泡相对于零点移动的格数，在数值前加"+""−"，加符号的原则如图 5-2 所示。按照顺序，每移动一平，记录下一个数值，走完全长导轨为止。

3) 绘制直线误差曲线图

根据记录下来的数据画坐标图。

例 5-1　CKA6150 数控车床床身导轨为 750 mm，分别测得水平仪的读数为：+1、0、+1、+1、−1。作图的坐标如图 5-3 所示，纵轴方向的每一格表示水平仪水泡移动一格的数值；横轴方向表示水平仪的每平测量长度。作出曲线后再将曲线的首尾(两端点)连线 I–I。经曲线的最高点作垂直于水平轴方向的垂线，其与连线相交的那段距离 n，即为导轨的直线度误差的格数。

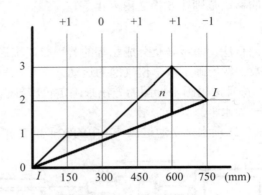

图 5-3　导轨在垂直平面内直线度误差曲线图

将水平仪测量的偏差格数换算成标准的直线度误差值 δ。

$$\delta = niI$$

式中：n 为误差曲线中的最大误差格数；i 为水平仪的精度(0.02 mm/1000 mm)；I 为每平测量长度(mm)。

按误差曲线图各数值计算得

$$\delta = 1.4 \times \frac{0.02}{1000} \times 150 = 0.0042(\text{mm})$$

根据 GB/T4020—1997(见附件 1)的要求，CKA6150 车床的一项水平允差上凸不得超过 0.015 m，此时一项水平合格。

车床水平的调整是一个相对需要时间的过程。由于床身在未调平的时候会产生扭曲，因此调平的时候，扭曲不会立刻恢复。所有机床水平的调整不是一次可以完成的，通常需要两三天的连续调整才能使水平稳定。机床水平在机床的安装过程中是非常重要的，通过以上的测量调整方法，能使机床在安装时达到最佳的水平状态，从而最大化地达到出厂前的装配精度。

三、机床精度概念

机床的加工精度是衡量机床性能的一项重要指标。影响机床加工精度的因素很多，主要有机床本身的精度影响，还有因机床及工艺系统变形、加工中产生振动、机床的磨损以及刀具磨损等因素的影响。在上述各因素中，机床本身的精度是一个重要的因素。例如，在车床上车削圆柱面，其圆柱度主要决定于工件旋转轴线的稳定性、车刀刀尖移动轨迹的直线度，以及刀尖运动轨迹与工件旋转轴线之间的平行度，即主要决定于车床主轴与刀架的运动精度，以及刀架运动轨迹相对于主轴的位置精度。

机床的精度包括几何精度、传动精度、定位精度以及工作精度等，不同类型的机床对这些方面的要求是不一样的。

学习活动 2 数控车床精度检测

一、床身导轨的直线度和平行度

1. 床身导轨的直线度

纵向导轨调平后，检测床身导轨在垂直平面内的直线度。

(1) 检测工具：精密水平仪。

(2) 检测方法：水平检测仪示意图如图 5-4 所示，水平仪沿 Z 轴向放在溜板上，沿导轨全长等距离地在各位置检验，记录水平仪的读数，计入报告要求的表中，并用作图法计算出床身导轨在垂直平面内的直线度误差。

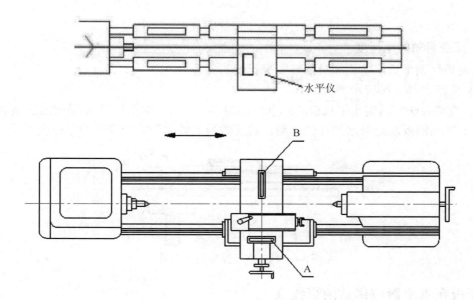

图 5-4 水平仪检测示意图

在溜板上放一与床身导轨平等的水平仪(位置 A)，然后移动溜板，每隔 500 mm(或小于 500 mm)记录一次水平仪读数，在导轨全部行程上至少要记录 3 次读数，把水平仪读数依次排列，画出溜板运动曲线。在每 1 m 行程上的运动曲线与其两端点连线间的最大坐标差值，就是 1 m 行程上的直线度误差。全部行程上的运动曲线与其两端点连线间的最大坐标值，就是全行程上的直线度误差。

例 5-2　检查一台溜板行程为 1000 mm 的车床，溜板每移动 250 mm 测量一次，检测结果见表 5-2。

表 5-2　检　测　结　果

测量距离	a—b	b—c	c—d	d—e
水平仪读数 1000 mm 误差	0.06/1000	0.02/1000	0/1000	−0.02/1000
250 mm 长度上误差	0.015/250	0.005/250	0/250	−0.005/250

运动曲线图如图 5-5 所示。

全行程上的直线度误差为 0.012 mm/1000 mm。

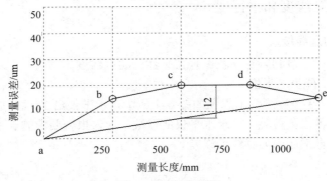

图 5-5　运动曲线图

2. 床身导轨的平行度

横向导轨调平后，检测床身导轨的平行度。

(1) 检测工具：精密水平仪。

(2) 检测方法：精密水平仪检测示意图如图 5-6 所示，水平仪沿 X 轴向放在溜板上，在导轨上移动溜板，记录水平仪的读数，其读数最大值即为床身导轨的平行度误差。

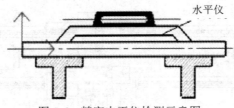

图 5-6　精密水平仪检测示意图

二、溜板在水平面内移动的直线度

检测溜板在水平面内移动的直线度的检测工具和检测方法如下。

(1) 检测工具：指示器和检验棒、百分表和平尺。

(2) 检测方法：直线度检测示意图如图 5-7 所示，将直检验棒顶在主轴和尾座顶尖上，再将百分表固定在溜板上，百分表水平触及检验棒母线，全程移动溜板，调整尾座，使百分表在行程两端读数相等，检测溜板移动在水平面内的直线度误差。

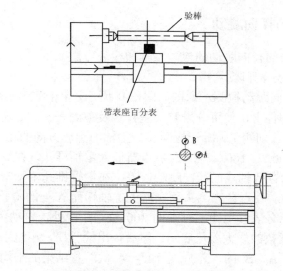

图 5-7　直线度检测示意图

三、尾座移动对溜板移动的平行度

尾座移动时均会在垂直平面内和水平面内产生对溜板的移动，即平行度变化。这里只介绍水平面内尾座移动对溜板移动的平行度。

水平面内尾座移动对溜板移动的平行度的检测工具和检测方法如下。

(1) 检测工具：百分表。

(2) 检测方法：平行度检测示意图如图 5-8 所示，将尾座套筒伸出后，按正常工作状态锁紧，同时使尾座尽可能靠近溜板，将安装在溜板上的第二个百分表相对尾座的端面调整为零，溜板移动时要手动移动尾座直至第二个百分表的读数为零，使尾座与溜板相对距离保持不变。按此法将溜板和尾座全行程移动，只要第二个百分表的读数始终为零，则第一个百分表相应指示出平行度误差。或者，沿行程在每隔 300 mm 处记录第一个百分表读数，百分表读数的最大差值即为平行度误差。第一个指示器分别在图中 a 和 b 的位置测量，误差单独计算。

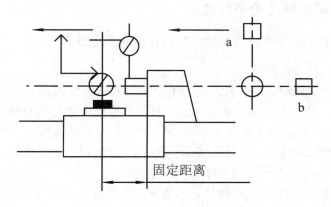

图 5-8　平行度检测示意图

四、主轴锥孔轴线的径向跳动

检测主轴锥孔轴线的径向跳动的检测工具和检测方法如下。

(1) 检测工具：百分表和检验棒。

(2) 检测方法：径向跳动检测示意图如图 5-9 所示，将检验棒插在主轴锥孔内，把百分表安装在机床固定部件上，使百分表测头垂直触及被测表面，旋转主轴，记录百分表的最大读数。在 A、B 处分别测量，标记检验棒与主轴的圆周方向的相对位置。取下检验棒，同向分别旋转检验棒 90°、180°、270° 后重新插入主轴锥孔，在每个位置分别检测。取 4 次检测的平均值即为锥孔轴线的径向跳动误差。在主轴锥孔中紧密地插入一根检验棒，将百分表固定在溜板上，使百分表测头顶在靠近主轴端面 A 处的检验棒表面，转动主轴检验，然后移动溜板使百分表移至距主轴端面 300 mm 的 B 处，转动主轴检验。A、B 的测量结果分别以百分表读数的最大差值表示；然后拔出检验棒，相对主轴旋转 90°，再插入锥孔中重复检验三次。A、B 的误差分别计算，4 次测量结果的平均值就是主轴锥孔轴线的径向跳动误差。

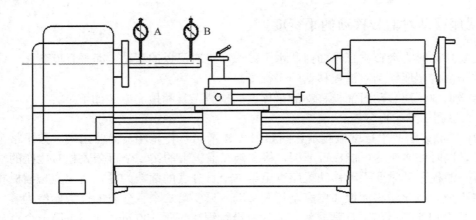

图 5-9　径向跳动检测示意图

五、主轴轴线对溜板移动的平行度

主轴轴线对溜板移动的平行度的检测工具和检测方法如下。

(1) 检测工具：百分表和检验棒。

(2) 检测方法：主轴轴线对溜板移动的平行度检测如图 5-10 所示，在主轴锥孔中紧密地插入一根检验棒，将百分表固定在溜板上，使百分表测头顶在检验棒表面上；移动大溜板，分别对侧母线 A 和上母线 B 进行检验。A、B 的测量结果分别以百分表读数的最大差值表示。然后，旋转主轴 180° 再重复检验一次，A、B 的误差分别计算，两次测量代数和的一半就是主轴轴线对溜板移动的平行度误差。

检测要求水平面内的平行度允差只许向前偏，即检验棒前端偏向操作者；垂直平面内的平行度允差只许向上偏。

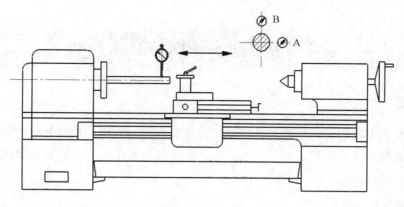

图 5-10　主轴轴线对溜板移动的平行度检测

六、床头和尾座两顶尖的等高度

床头和尾座两顶尖的等高度的检测工具和检测方法如下。

(1) 检测工具：百分表和检验棒。

(2) 检测方法：在如图 5-10 所示的 B 位置将尾座套筒完全退入尾座内，用两个死顶尖分别插入主轴锥孔及尾座套筒锥孔中，两顶尖间顶上一根长度约为最大顶尖距的一半的检验棒，紧固尾座，锁紧尾套，将百分表固定在大溜板上，移动大溜板，在检验棒的两端检验上母线的等高度。百分表的最大读数差值就是床头和尾座两顶尖等高度误差。

检测要求只允许尾座端高。

七、小刀架移动对主轴轴线的平行度

(1) 检测工具：百分表和检验棒。

(2) 检测方法：小刀架移动对主轴轴线的平行度检测如图 5-11 所示，在主轴锥孔中紧密地插入一根检验棒，将百分表固定在小刀架上，使百分表测头顶在检验棒的侧母线上，调整小刀架，使百分表在小刀架全行程两端的读数相等；再将百分表测头顶在检验棒的上母线，移动小刀架在全行程上检验，记录一次读数。将主轴旋转 180° 重复检验一次。两次测量结果的代数和的一半，就是小刀架移动对主轴轴线的平行度误差。

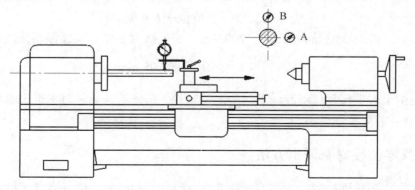

图 5-11　小刀架移动对主轴轴线的平行度检测

学习活动 3　水平仪的应用知识

一、水平仪

水平仪是用于检查各种机床及其他机械设备导轨的不直度、机件相对位置的平行度，以及设备安装的水平位置和垂直位置的仪器。水平仪是机床制造、安装和修理中最基本的一种检测工具。

二、水平仪的分类

按水平仪的外形不同可分为万向水平仪、圆柱水平仪、一体化水平仪、迷你水平仪、相机水平仪、框式水平仪和尺式水平仪；按水准器的固定方式又可分为可调式水平仪和不可调式水平仪。

三、框式水平仪的使用方法

框式水平仪如图 5-12 所示，测量时水平仪工作面紧贴在被测表面，待气泡完全静止后方可进行读数。

图 5-12　框式水平仪

水平仪的分度值是以 1 m 为基长的倾斜值，如需测量长度为 L 的实际倾斜值则可通过下式进行计算：

$$实际倾斜值 = 分度值 \times L \times 偏差格数$$

例如，分度值为 0.02 mm/格，$L = 200$ mm，偏差格为 2 格，实际倾斜值为

$$\frac{0.02}{1000} \times 200 \times 2 = 0.008 \text{ mm}$$

为避免由于水平仪零位不准而引起的测量误差，在使用前必须对水平仪的零位进行校对或调整。

四、水平仪零位校对及调整方法

将水平仪放在基础稳固、大致水平的平板(或机床导轨)上，待气泡稳定后，在一端读

数，如左端(相对观测者而言)，且定为零。再将水平仪调转180°，若仍在原来一端(左端)读数为 a 格(以前次零读数为起点)，则水平仪零位误差为 a/2 格。如果零位误差超过许可范围，则需调整水平仪零位调整机构(调整螺钉或螺母，使零位误差减小至许可值以内。对于非规定调整的螺钉、螺母不得随意拧动。调整前水平仪底工作面与平板必须擦拭干净。调整后螺钉或螺母等件必须紧固)。

五、水平仪使用注意事项

(1) 水平仪用无腐蚀性汽油将工作面上的防腐油洗净，并用脱脂棉纱擦拭干净方可使用。

(2) 温度变化会使测量产生误差，因此，水平仪在使用时必须与热源和风源隔绝。如使用环境温度与保存环境温度不同，则需在使用环境中将水平仪置于平板上稳定 2 小时后方可使用。

(3) 测量时必须待气泡完全静止后方可读数。

(4) 水平仪使用完毕，必须将工作面擦拭干净，并涂以水和无酸的防锈油，覆盖防潮纸装入盒中，置于清洁干燥处保管。

(5) 水平仪在正确使用和保管的前提下，由于制造原因而产生的缺陷、故障，自出厂之日起半年期限内本厂负责免费修理、退换，但具备该项要求的产品必须结构完整、外表无损。

学习任务六　数控机床常见故障诊断与维修

学习活动1　发那科数控系统的硬件连接

学习目标

(1) 了解发那科系统的硬件连接结构。
(2) 能够画出发那科车床系统的连接框图。

相关知识

1. 数控车床的电气控制要求

(1) 控制轴(坐标)运动功能。数控车床一般设有两个坐标轴(X、Z 轴)，其数控系统具备控制两轴运动的功能。

(2) 刀具位置补偿。数控车床的刀具位置补偿功能，可以完成刀具磨损和刀尖圆弧半径补偿，以及安装刀具时产生的误差的补偿。

(3) 车削固定循环功能。数控车床具有各种不同形式的车削固定切削循环功能，如内外圆柱面固定循环、内外圆锥面固定循环、端面固定循环等。利用这些固定循环指令可以简化编程，提高加工效率。

(4) 准备功能。准备功能也称为 G 功能，是用来指定数控车床动作方式的功能。G 代码指令由 G 代码及其后面的两位数字组成。

(5) 辅助功能。辅助功能也称为 M 功能，用来指定数控车床的辅助动作及状态。M 代码指令由 M 代码及其后面的两位数字组成。

(6) 主轴功能。数控车床主轴功能主要表示主轴转速或线速度。主轴功能由字母 S 及其后面的数字表示。

(7) 进给功能。数控车床的进给功能主要是指加工过程各轴的进给速度，其功能指令由 F 代码及其后面的数字组成。

(8) 刀具功能。刀具功能又称 T 功能，即根据加工需要，在某些程序段指令进行选刀和换刀。刀具功能指令使用字母 T 及其后面的四位数表示。

2. 数控车床电气控制要求的实现

数控车床的电气控制见表 6-1。

表 6-1 数控车床的电气控制

序号	要 求	实 现 方 案	实 现 元 件
1	控制轴(坐标)运动功能	采用伺服电机进行驱动	发那科伺服放大器与伺服电机
2	刀具位置补偿	CNC 软件实现	CNC 系统
3	车削固定循环功能	CNC 软件实现	CNC 系统
4	准备功能	CNC 软件实现	CNC 系统
5	辅助功能	CNC 软件与 PMC 单元	CNC 系统与 PMC 单元
6	主轴功能	采用变频器进行无级调速、配置编码器反馈	变频器、CNC、主轴编码器
7	进给功能	CNC 软件实现	CNC 系统
8	刀具功能	采用电动刀架配合PMC程序实现	电动刀架

任务实施

1. 在实训设备上寻找相关元件

设备元件如图 6-1 所示。

图 6-1 设备元件

2. 连接控制柜

连接控制柜如图 6-2 所示。

图 6-2　连接控制柜图

拓展学习

查阅资料，根据表 6-2 给出的要求，写出相关的实现方式。

表 6-2　实现方式

机床类型	控　制　要　求	控制方式实现
数控车床	主轴可以实现无级调速	可以使用变频电机与伺服电机
	主轴可以实现低转速与大扭矩加工	采用机械换挡与伺服主轴
	主轴可以进行速度反馈与车削螺纹	
	进给轴实现开环控制	
	进给轴实现半闭环控制	
	进给轴实现闭环控制	
	进给轴可以实现无挡块回零	
	可以实现自动换刀	

学习活动 2 发那科数控系统的基本参数设定

学习目标

(1) 了解发那科系统参数设定画面。

(2) 掌握基本参数的含义。

(3) 了解基本参数的设定。

相关知识

一、与机床加工操作有关的画面操作

1. 回零点方式

回零点方式主要是进行机床机械坐标系的设定。选择回零点方式，用机床操作面板上各轴返回参考点用的开关使刀具沿参数(1006#5)指定的方向移动。首先刀具以快速移动速度移动到减速点上，然后按 FL 速度移动到参考点。快速移动速度和 FL 速度由参数(1420、1421、1425)设定。回零画面手动(JOG)方式如图 6-3 所示。

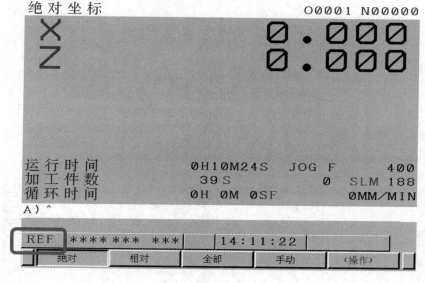

图 6-3 回零画面手动(JOG)方式

在 JOG 方式下，按机床操作面板上的进给轴和方向选择开关(一般为同一个键)，机床沿选定轴的选定方向移动。手动连续进给速度由参数 1423 设定。按快速移动开关，以 1424 设定的速度移动机床。手动操作通常一次移动一个轴，但也可以用参数 1002#0 选择 2 轴同时运动，如图 6-4 所示。

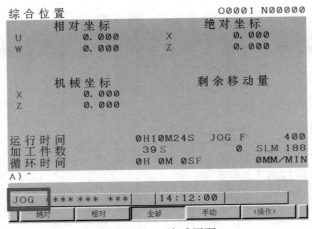

图6-4　JOG方式画面

2. 手轮进给方式

在手轮进给方式下，机床可用旋转机床操作面板上手摇脉冲发生器而连续不断地移动，用开关选择移动轴和倍率。手轮方式画面存储器运行方式如图6-5所示。

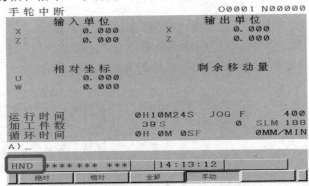

图6-5　手轮方式画面存储器运行方式

在自动运行期间，程序预存在存储器中，当选定一个程序并按了机床操作面板上的循环启动按钮时，开始自动运行。存储器方式画面如图6-6所示。

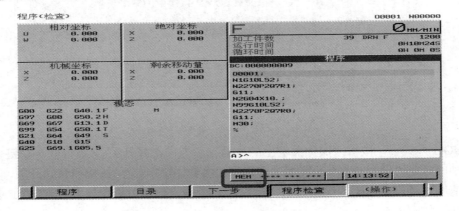

图6-6　存储器方式画面

3. MDI 运行方式

MDI 运行方式下，在 MDI 面板上输入 10 行程序段，可以自动执行，MDI 运行一般用于简单的测试操作。MDI 方式画面如图 6-7 所示。

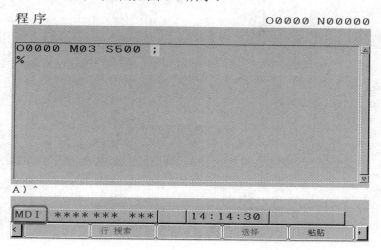

图 6-7 MDI 方式画面

4. 程序编辑(EDIT)方式

在程序编辑方式下可以进行程序的编辑、修改、查找等功能。编辑方式画面如图 6-8 所示。

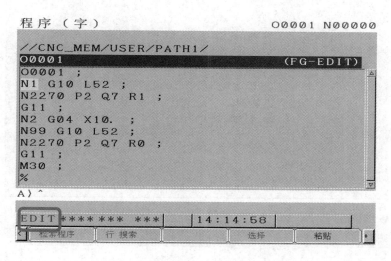

图 6-8 编辑方式画面

二、和机床维护操作有关的画面操作

1. 参数设定画面

参数设定画面用于参数的设置、修改等操作。在操作时需要打开参数开关，按 OFSSET

键显示图 6-9 所示参数开关画面时，就可以修改参数开关，参数开关为 1 时，可以进入参数进行修改。

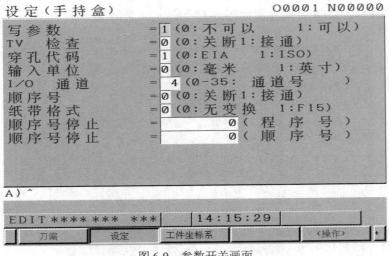

图 6-9　参数开关画面

2. 诊断画面

当出现报警时，可以通过诊断画面进行故障的诊断，如图 6-10 所示，按下图中的诊断键。

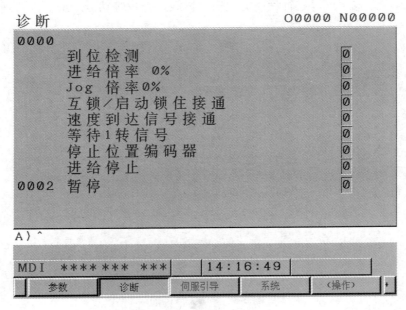

图 6-10　诊断画面

3. PMC 画面

PMC 就是利用内置在 CNC 的 PC 执行机床的顺序控制的可编程机床控制器。PMC 画面是比较常用的一个画面，它可以进行状态查询、PMC 在线编辑、通讯等功能。按下 SYSTEM 键后，再按右扩展键出现 PMC 梯图，如图 6-11 所示。

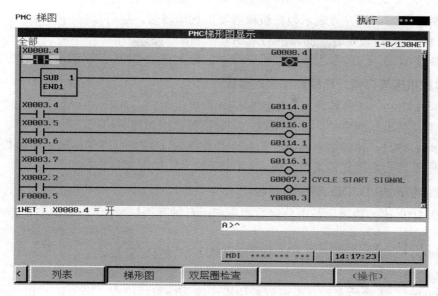

图 6-11　PMC 画面

三、数控系统基本参数的含义

1. 数控机床与轴有关的参数

(1) 参数 1020。该参数表示数控机床各轴的程序名称，如在系统显示画面显示的 X、Y、Z 等，一般设置是：车床为 88，90；铣床与加工中心为 88，89，90。系统显示画面见表 6-3。

表 6-3　系统显示画面

轴名称	X	Y	Z	A	B	C	U	V	W
设定值	88	89	90	65	66	67	85	86	87

(2) 参数 1022。该参数表示数控机床设定各轴为基本坐标系中的哪个轴，一般设置为 1，2，3。轴设置见表 6-4。

表 6-4　轴　设　置

设定值	含　　义
0	旋转轴
1	基本 3 轴的 X 轴
2	基本 3 轴的 Y 轴
3	基本 3 轴的 Z 轴
5	X 轴的平行轴
6	Y 轴的平行轴
7	Z 轴的平行轴

(3) 参数 1023。该参数表示数控机床各轴的伺服轴号，也可以称为轴的连接顺序，一般设置为 1，2，3，设定各控制轴为对应的伺服轴。

(4) 参数 8130。该参数表示数控机床控制的最大轴数 CNC 控制的最大轴数。

2. 数控机床与存储行程检测相关的参数

(1) 参数 1320。该参数表示各轴的存储行程限位 1 的正方向坐标值。一般指定的为软正限位的值，当机床回零后，该值生效，实际位移超出该值时出现超程报警。

(2) 参数 1321。该参数表示各轴的存储行程限位 1 的负方向坐标值。同参数 1320 基本一样，所不同的是指定的是负限位。

3. 数控机床与 DI/DO 有关的参数

(1) 3003#0。该参数表示是否使用数控机床所有轴互锁信号。该参数需要根据 PMC 的设计进行设定。

(2) 3003#2。该参数表示是否使用数控机床各个轴互锁信号。

(3) 3003#3。该参数表示是否使用数控机床不同轴向的互锁信号。

(4) 3004#5。该参数表示是否进行数控机床超程信号的检查，当出现 506，507 报警时可以设定。

(5) 3030。该参数表示数控机床 M 代码的允许位数。该参数表示 M 代码后边数字的位数，超出该设定出现报警。

(6) 3031。该参数表示数控机床 S 代码的允许位数。该参数表示 S 代码后数字的位数，超出该设定出现报警。例如，当 3031=3 时，在程序中出现 "S1000" 即会产生报警。

(7) 3032。该参数表示数控机床 T 代码的允许位数。

4. 数控机床与显示和编辑相关的参数

(1) 参数 3105#0。该参数表示是否显示数控机床实际速度。

(2) 参数 3105#1。该参数表示是否将数控机床 PMC 控制的移动加到实际速度显示。

(3) 参数 3105#2。该参数表示是否显示数控机床实际转速、T 代码。

(4) 参数 3106#4。该参数表示是否显示数控机床操作履历画面。

(5) 参数 3106#5。该参数表示是否显示数控机床主轴倍率值。

(6) 参数 3108#4。该参数表示数控机床在工件坐标系画面上，计数器输入是否有效。

(7) 参数 3108#6。该参数表示是否显示数控机床主轴负载表。

(8) 参数 3108#7。该参数表示数控机床是否在当前画面和程序检查画面上显示 JOG 进给速度或空运行速度。

(9) 参数 3111#0。该参数表示是否显示数控机床用来显示伺服设定画面软件。

(10) 参数 3111#1。该参数表示是否显示数控机床用来显示主轴设定画面软件。

(11) 参数 3111#2。该参数表示数控机床主轴调整画面的主轴同步误差。

(12) 参数 3112#2。该参数表示是否显示数控机床外部操作履历画面。

(13) 参数 3112#3。该参数表示数控机床是否在报警和操作履历中登陆外部报警/宏程序报警。

(14) 参数 3281。该参数表示数控机床语言显示，15 为中文简体。

(15) 参数 3208#0。该参数表示 MDI 面板的功能键 SYSTEM 无效。

任务实施

1. 在实训设备上进行参数的查找

参数如图 6-12 所示。

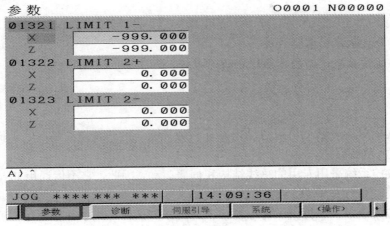

图 6-12　参数

步骤一：按下系统面板【SYSTEM】键。

步骤二：输入需要查找的参数号，按【号查询】软键。

步骤三：查询参数号，填入表 6-5 中。

表 6-5　参数设置

参数号	参数值	含　义	备注

2. 在实训设备上进行操作

在实训设备上，按上述内容操作并写出操作步骤。

(1) 回零方式。

(2) 手动方式。

(3) 手轮方式。

(4) 自动运行方式。

(5) MDI 方式。

(6) 诊断画面。

(7) PMC 画面。

(8) 伺服画面。

学习活动 3　数控机床的常见故障与维修

学习目标

(1) 了解数控机床的常见故障。

(2) 掌握通过系统诊断的方法进行故障维修。

相关知识

通过上面的学习，我们可以总结出发那科数控系统的一些重要特征，从而重新认识数控机床维修这一概念。

首先，数控系统采用专用的总线结构和伺服驱动，因此，它不像通用 PC 的总线那样，具有标准通用、备件易采购、有互换性、代码开放、参考文献渠道多等特点。其次，数控系统备件供应渠道单一，图纸、程序协议不对用户开放，专用 LSI 不对用户开放，线路板维修非常困难，因此一般数控制造商不建议用户维修 PCB(印刷线路板)。

数控机床的机械部件采用模块化、专业化制造，如滚珠丝杠、直线导轨、机械主轴、数控刀塔、数控转台等均是由各专业制造商来制造。目前，国内常见的中高档数控机床广泛采用 THK 或 NSK 的滚珠丝杠和直线导轨。原长城机床厂生产的数控车床和车削中心采用意大利的数控刀架，机床厂已从传统的零部件设计、生产、组装等"面面俱到"的生产方式，转变为机电一体化"集成应用商"。所以作为数控机床的维修人员，修复上述这些专业化生产的机械部件非常困难。例如，直线导轨磨损后，最终用户没有手段修磨直线导轨的滑道，也无法修复损坏的滑块。

新技术应用部件——直线电机、扭矩电机、电主轴等，由于现场的工艺条件和现有的技术手段的限制，因此现场设备维修人员修复这些部件也是非常困难的。例如，FANUC 的高速电主轴对装配调试工艺要求非常高，必须经过专门的培训后才可拆装，否则主轴速度达不到出厂指标。

如果线路板不能修，很多机械件也不能修，机电一体化部件更碰不得，那么现场维修人员修什么呢？这就需要从传统的维修概念中摆脱出来。20 世纪七八十年代的数控维修人员需要对模拟电路、数字电路有比较深刻的了解，由于当时的制造技术还是基于模拟电路和中规模数字电路搭建的硬件环境，器件大都采用标准器件，因此通过电烙铁、万用表、示波器来修理损坏的线路板。然而，现今的数控技术随着 IT 业的进步而改变。目前，FANUC 数控系统除了 CPU 和存储器采用标准制造商的产品外，CPU 周边以及大量的外围芯片均由自己设计开发。例如，数字伺服处理、RS232 通讯、字符及图形显示等。另外，系统各环节之间的数据传送也由 20 年前的"并行传送"为主，改变为目前的"串行传送"为主。在"串行传送"的环境下，用示波器已无法诊断信号的来龙去脉，万用表更是无能为力。示波器和万用表仅作为一些并行信号或静态信号的检测工具，对伺服放大器或电源模块的维修还有些帮助，但是对于 CNC 系统本身和数字伺服部分的维修帮助非常有限。

现今最有效的维修诊断手段是由数控系统制造商来提供的，如 FANUC 0i 系列的 PMC TRACER 数字伺服波形画面等功能。发那科信号跟踪画面如图 6-13 所示。

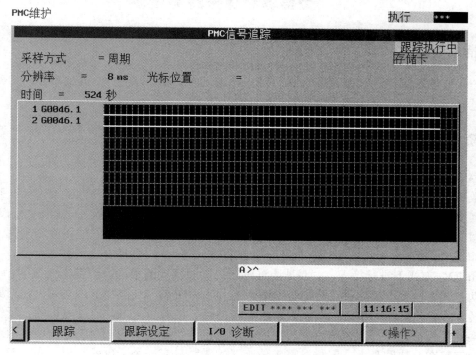

图 6-13　发那科信号跟踪画面

根据数控机床的结构和特点，不难发现现场维修人员的主要工作不是修复线路板，而是利用现有手段(数控制造商提供的各种监控或诊断方法)，特别是借助计算机或人机界面，及时准确地判断出故障类型，确定维修方向：机械—电气—液压—工艺。如果是电气故障，则应及时判断出是 CNC、伺服部分还是 PMC 接口电路出现了故障，并找出故障点。然后，能够利用最直接有效的渠道迅速买到备件，正确更换备件。

正确更换备件也是一件需要重视的工作，数控系统的某些重要数据是存放在 SRAM 中的，数据有易失性，更换 CNC 主板或存储器板会造成数据丢失，因此，修好硬件后恢复数据，就成为正确更换备件的重要工作之一。作为一个维修工程师，如果仅会更换硬件，而不会恢复数据，则等于不会修理数控机床，也就无法使机床进入正常工作状态。

从维修实践中发现，随着数控机床的发展，机械和控制系统的结构越来越简单，能够处理的硬件越来越少，而对各类软件的使用要求越来越高。如现场维修人员需要掌握 FANUC 梯形图编程软件 FLADDERⅢ，以及各种随机诊断软件和网络通讯软件。

过去的维修人员更多地使用改锥、钳子，现今的维修人员离不开计算机。过去的维修人员很少介入备件管理，但是今后对于数控机床的维修，无论是电气还是机械、液压，备件选型和正确更换将是维修工程师重要的工作内容。数控机床维修将融入更多的非技术因素，因此，维修数控机床的目的不是为了单纯地显现出色的技术，其最终目的是有效减少故障的停机时间，提高设备的无故障运转时间。

任务实施

<h1 style="text-align:center">刀架类故障诊断与维修</h1>

一、情景描述

一台数控车床在进行换刀时，找不到 1 号刀，经过 1 号刀位时，刀架不停，刀架一直转，过一段时间后，出现"寻不到刀"的报警。

二、资料收集与维修计划制定

1. 电动刀架工作原理

数控车床使用的回转刀架是最简单的自动换刀装置，有四工位和六工位刀架。回转刀架按其工作原理可分为机械螺母升降转位、十字槽转位等方式。其换刀过程一般为刀架抬起、刀架转位、刀架压紧并定位等几个步骤。回转刀架必须具有良好的强度和刚性，以承受粗加工的切削力。同时，还要保证回转刀架在每次转位的重复定位精度。

在 JOG 方式下进行换刀，主要是通过机床控制面板上的手动换刀键来完成的，一般是在手动方式下，按下换刀键，刀位转入下一把刀。刀架在电气控制上，主要包含刀架电机正反转和霍尔传感器两部分。实现刀架正反转的是三相异步电机，通过电机的正反转来完成刀架的转位与锁紧；而刀位传感器一般是由霍尔传感器构成的。四工位刀架有四个霍尔传感器安装在一块圆盘上，但触发霍尔传感器的磁铁只有一个，也就是说，四个刀位信号始终有一个为"1"或为"0"。

2. 电动刀架的 PMC 连接

图 6-14 为电动刀架与 PMC 的连接图，其包含输入与输出两部分，输入主要是刀位信号，输出是刀架电机的正反转，对应的控制逻辑由 PMC 设计完成。

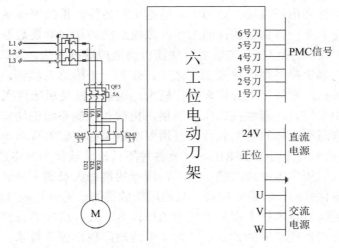

图 6-14　电动刀架与 PMC 连接图

3. 查看 PMC 状态表

发那科系统提供 PMC 的状态查询，可以按系统面板上的【SYSTEM】-【PMC】-【信号】，搜索 X3，查询现有地址的状态。正常状态下的刀架是有一位是高电平，五个为低电平。如果四位相同，那么就表示刀架信号异常，就会产生不能换刀的故障，这时需要检查发讯盘与线路。发那科提供的信号状态查询功能，可以很好地查询信号状态，对判断故障原因提供了很大方便。这个功能是需要牢固掌握的。

任务实施

下面以四工位刀架为例，拆卸电动刀架发讯盘。

1. 拆卸发讯盘

拆卸发讯盘盖方法如图 6-15 所示。

用十字螺丝刀拧下发讯盘上的4颗螺钉

图 6-15　拆卸发讯盘盖

2. 调整发讯盘位置

调整发讯盘位置方法如图 6-16 所示。

调整发讯盘位置，通过 PMC 状态表来判断发讯盘的好坏，同时也需要测量发讯盘的电源电压。本任务中是发讯盘位置不准，导致 1 号刀位丢失，重新调整发讯盘位置，排除故障。

图 6-16　调整发讯盘位置

　　总之，刀架故障是常见的数控车床故障，原因很多，也有是因为刀架电机正反转不良造成的，所以需要仔细掌握刀架与 PMC 的控制过程，发现故障原因。本次故障的维修主要是通过 PMC 状态表，查看刀位信号，从而判断故障原因，也可以通过万用表测试相关信号的电平来进行判断。

学习任务七　车间生产管理"6S"的有关知识

学习活动1　"6S"基本概念

"6S"管理是"5S"的升级管理模式。"6S"即整理(SEIRI)、整顿(SEITON)、清扫(SEISO)、清洁(SEIKETSU)、素养(SHITSUKE)、安全(SECURITY)。

1. 整理(SEIRI)

整理是将工作场所的任何物品区分为有必要和没有必要的,除了有必要的留下来,其他的都消除掉。

整理的目的:腾出空间,空间活用,防止误用,塑造清爽的工作场所。

2. 整顿(SEITON)

整顿是把留下来的必要用的物品依规定位置摆放,并放置整齐加以标识。

整顿的目的:工作场所一目了然,消除寻找物品的时间,整整齐齐的工作环境,消除过多的积压物品。

3. 清扫(SEISO)

清扫是将工作场所内看得见与看不见的地方清扫干净,保持工作场所干净、亮丽的环境。

清扫目的:稳定品质,减少工业伤害。

4. 清洁(SEIKETSU)

清洁是将整理、整顿、清扫进行到底,并且形成制度化,经常保持环境处在美观的状态。

清洁的目的:创造明朗现场,维持上面3S成果。

5. 素养(SHITSUKE)

素养是指每位成员养成良好的习惯,并遵守规则做事,培养积极主动的精神(也称习惯性)。

素养的目的:培养具有良好习惯、遵守规则的员工,营造团队精神。

6. 安全(SECURITY)

要重视成员安全教育,每时每刻都有安全第一观念,防患于未然。

安全的目的:建立起安全生产的环境,所有的工作应建立在安全的前提下。

"6S"管理只是一种管理方式,要真正实现"6S"的目的,还必须借助一些工具,来更好地达成"6S"管理的目的。"6S"管理有以下两个主要工具。

(1) 看板管理。看板管理可以使工作现场人员,都能一眼便知何处有什么、有多少,同时亦可将整体管理的内容、流程及订货、交货日程和工作排程全部制作成看板，使工作人员易于了解，方便进行必要的作业。

(2) Andon 系统。ANDON 系统(安灯，也称为暗灯)，是一种现代企业的信息管理工具。Andon 系统能够收集生产线上有关设备和质量管理等与生产有关的信息，在加以处理后，控制分布于车间各处的灯光和声音报警系统，从而实现生产信息的透明化。

学习活动 2　推行 "6S" 要求

对工具箱的外观和内部、工具和量检具、资料和记录、水杯管理，推行 "6S" 要求。

1. 工具箱外观要求

(1) 外观整洁无污渍。

(2) 灯杆整洁。

(3) 保证灯具随时完好。

(4) 工具箱上部定位。

(5) 随时保证开关整洁完好。

(6) 班后工具箱外部无工具、无检具、无手套、无抹布、无水杯及其他任何杂物。

(7) 作业指导书板保证只有一张必备的作业指导书，首件单、点检表及原始记录不得多于一张。

2. 工具箱内部要求

(1) 标识清楚。所有工具、检具及物品对号入座。

(2) 整洁。保证内部各层面无铁屑、无污渍、无碎纸片、无废弃的塑料袋、纸壳。

(3) 明细表。在工具箱内右侧有工具箱内明细表(含层、位、架号、名称、型号)。

(4) 工具箱内部工具及检具要方便取用，最常用的放在最方便取用和显眼位置。

3. 工具和量检具要求

(1) 工具和量检具不得有积存油污。

(2) 较大工具和量检具必须有编号，并与工具箱内位置对应。

(3) 抹布和手套及时清洗，尽量保持整洁。

4. 资料和记录

(1) 每种空白记录不得多于一本，必须在工具箱内部定位存放。

(2) 已记录资料必须在当月上交归档，手中不得存有上个月份的记录。

5. 水杯管理

(1) 水杯不得放于机床、周转车、箱及周转架上。

(2) 放在工具箱水杯内部标识的固定位置，外部不得随意放置。

(3) 必须保证水杯内外整洁干净。

学习任务八　预备技师试题库(含参考答案)

学习活动1　单项选择题

1. 你对职业道德修养的理解是(C)。
A. 个人性格的修养
B. 个人文化的修养
C. 思想品德的修养
D. 专业技能的提高

2. 办事公道是指职业人员在进行职业活动时要做到(C)。
A. 原则至上、不徇私情、举贤任能、不避亲疏
B. 奉献社会、襟怀坦荡、待人热情、勤俭持家
C. 支持真理、公私分明、公平公正、光明磊落
D. 牺牲自我、助人为乐、邻里和睦、正大光明

3. 强化职业责任是(D)职业道德规范的具体要求。
A. 团结协作
B. 诚实守信
C. 勤劳节俭
D. 爱岗敬业

4. 关于勤劳节俭的说法,你认为正确的是(C)。
A. 阻碍消费,因而会阻碍市场经济的发展
B. 市场经济需要勤劳,但不需要节俭
C. 节俭是促进经济发展的动力
D. 节俭有利于节省资源,但与提高生产力无关

5. 采用基孔制,用于相对运动的各种间隙配合时,轴的基本偏差应在(B)之间选择。
A. s～u
B. a～g
C. h～n
D. a～u

6. 请找出"轮廓控制"的英语词汇(A)。
A. contouring control
B. Point-to-Point control
C. line motion contor
D. liner interpolation

7. 按(A)方式分类,数控机床分为:开环控制数控机床、半闭环控制数控机床、闭环控制数控机床。
A. 控制功能分
B. 工艺用途
C. 进给伺服系统类型
D. 机床型号

8. 夹紧力的方向应尽量垂直于主要定位基准面,同时应尽量与(D)方向一致。
A. 退刀
B. 振动

C. 换刀 D. 切削

9. 当麻花钻的两主切削刃呈凹曲线形状时，其顶角 2Kr(A)118°。

A. 大于 B. 等于

C. 小于 D. 大于或等于

10. 工作台，机床上使用的局部照明灯，电压不得超过(A)。

A. 36 V B. 110 V

C. 26 V D. 220 V

11. 用人单位自(A)起即与劳动者建立劳动关系。

A. 用工之日 B. 签订合同之日

C. 上级批准设立之日 D. 劳动者领取工资之日

12. 要做到遵纪守法，对每个职工来说，必须做到(D)。

A. 有法可依 B. 反对"管""卡""压"

C. 反对自由主义 D. 努力学法、知法、守法、用法

13. 热爱本职，(B)反映了从业人员的工作态度，是做好本职工作的前提。

A. 关心企业 B. 忠于职守

C. 勇于创新 D. 团结互助

14. 机械零件的真实大小是以图样上的(D)为依据。

A. 比例 B. 公差范围

C. 技术要求 D. 尺寸数值

15. 刀具、量具等对耐磨性要求较高的零件应进行(B)处理。

A. 淬火 B. 淬火＋低温回火

C. 淬火＋中温回火 D. 淬火＋高温回火

16. 在车削加工中心上不可以(D)。

A. 进行铣削加工 B. 进行钻孔

C. 进行螺纹加工 D. 进行磨削加工

17. 数控机床如长期不用时最重要的日常维护工作是(C)。

A. 清洁 B. 干燥

C. 通电 D. 润滑

18. 麻花钻有 2 条主切削刃、2 条副切削刃和(B)横刃。

A. 2 条 B. 1 条

C. 3 条 D. 没有横刃

19. 用完全互换法装配机器，一般适用于(A)场合。

A. 大批量生产 B. 高精度多环尺寸链

C. 高精度少环尺寸链 D. 单件小批量生产

20. 环境污染不仅给人类的健康带来危害，而且还具有(A)作用。

A. 遗传 B. 传染

C. 破坏 D. 再生

21. 两个以上的申请人分别就相同内容的发明创造向国务院专利行政部门提出申请，应该将专利权授予(B)。

A. 同时申请的两个人　　　　　　　B. 先申请人

C. 先使用人　　　　　　　　　　　D. 发明人

22. 一个或一组工人，在一个工作地对一个或同时对几个工件所连续完成的那一部分工艺过程称为(C)。

A. 工艺　　　　　　　　　　　　　B. 工步

C. 工序　　　　　　　　　　　　　D. 工位

23. 在切削速度较低、切削厚度较小的情况下，易产生(B)磨损。

A. 前刀面　　　　　　　　　　　　B. 后刀面

C. 前刀面和主后刀面　　　　　　　D. 不能确定

24. 刀具寿命指的是刀具(B)的时间。

A. 从刃磨到达到磨钝标准　　　　　B. 纯切削

C. 切削加辅助　　　　　　　　　　D. 两次刃磨之间

25. 内孔的加工方法是：孔径较大的套一般用(B)方法。

A. 钻、铰　　　　　　　　　　　　B. 钻、半精镗、精镗

C. 钻、扩、铰　　　　　　　　　　D. 钻、精镗

26. 在大流量的液压系统中，换向阀阀芯的位移应用(B)控制。

A. 电磁　　　　　　　　　　　　　B. 液动

C. 手动和液动　　　　　　　　　　D. 手动

27. CIMS 表示(A)。

A. 计算机集成制造系统　　　　　　B. 数控系统

C. 计算机辅助系统　　　　　　　　D. 柔性制造系统

28. 对于配有设计完善的位置伺服系统的数控机床，其他的几何精度和加工精度主要取决于(C)。

A. 机床机械结构的精度　　　　　　B. 驱动装置的精度

C. 位置检测元件的精度　　　　　　D. 计算机的运算精度

29. 装夹误差不包括(D)。

A. 定位误差　　　　　　　　　　　B. 夹紧变形误差

C. 夹具本身误差　　　　　　　　　D. 机床精度误差

30. 在确定加工余量时，当材料十分贵重时宜采用(C)法。

A. 经验估算　　　　　　　　　　　B. 查表修正

C. 分析计算　　　　　　　　　　　D. 首件试切

31. 把工段(小组)所加工的各种制品的投入及出产顺序、期限和数量，制品在各个工作地上加工的次序期限和数量，以及各个工作地上加工的不同制品的次序、期限和数量全部制成标准，并且定下来，这种计划法称为(C)。

A. 定期计划法　　　　　　　　　　B. 日常计划法

C. 标准计划法　　　　　　　　　　D. 车间总体计划法

32. 金属陶瓷刀具的主要性能特征是(A)。

A. 金属陶瓷不适宜加工铸铁类

B. 金属陶瓷与钢材的摩擦因数比硬质合金大

C. 金属陶瓷的抗氧化性能明显弱于 YG/YT 类合金

D. 金属陶瓷硬度和耐磨性比 YG/YT 类合金低

33. 硬质合金刀具易产生(C)。

A. 黏结磨损　　　　　　　　　　B. 扩散磨损

C. 氧化磨损　　　　　　　　　　D. 相变磨损

34. 数控机床的准停功能主要用于(C)。

A. 换刀和加工中　　　　　　　　B. 退刀

C. 换刀和让刀　　　　　　　　　D. 测量工件时

35. 在等误差法直线段逼近的节点计算中,任意相邻两节点间的逼近误差为(B)误差。

A. 圆弧　　　　　B. 等　　　　　C. 点　　　　　D. 三角形

36. 当铣削(C)材料工件时,铣削速度可适当取的高一些。

A. 高锰奥氏体　　　　　　　　　B. 高温合金

C. 紫铜　　　　　　　　　　　　D. 不锈钢

37. 在数控车床的维护保养中,下列属于年检的是(D)。

A. 电器柜的通风散热装置　　　　B. 机床液压系统

C. 润滑油的黏度　　　　　　　　D. 电路

38. 数控机床进给系统减少摩擦阻力和动静摩擦之差,是为了提高数控机床进给系统的(A)。

A. 快速响应性能和运动精度　　　B. 运动精度和刚度;

C. 传动精度　　　　　　　　　　D. 传动精度和刚度

39. 工序的成果符合规定要求的程度反映了(A)的高低。

A. 工序质量　　　　　　　　　　B. 检验质量

C. 产品质量　　　　　　　　　　D. 管理质量

40. "5S"活动是(C)企业中优化现场管理的主要方法之一,在其企业中推行得十分广泛。

A. 德国　　　　　　　　　　　　B. 韩

C. 日本　　　　　　　　　　　　D. 美国

41. PDCA 循环中的"P""D""C""A"分别代表计划(C)。

A. 组织、指挥、协调　　　　　　B. 组织、指挥、控制

C. 实施、检查、处理　　　　　　D. 组织、检查、控制

42. 下列关于创新的论述,正确的是(C)。

A. 创新与继承根本对立　　　　　B. 创新就是独立自主

C. 创新是民族进步的灵魂　　　　D. 创新不需要引进国外新技术

43. 亚共析钢冷却到 PSK 线时要发生共析转变,奥氏体转变成(B)。

A. 珠光体 + 铁素体　　　　　　　B. 珠光体

C. 珠光体 + 二次渗碳体　　　　　D. 铁素体

44. 掉电保护电路是为了(C)。

A. 防止强电干扰　　　　　　　　B. 限止系统软件丢失

C. 防止 RAM 中保存的信息丢失　　D. 防止电源电压波动

45. 闭环控制系统的位置检测装置装在(C)。

A. 传动丝杠上　　　　　　　　　　B. 伺服电动机轴上

C. 机床移动部件上　　　　　　　　D. 数控装置中

46. 增大刀具的前角，切屑(　B　)。

A. 变形大　　　　　　　　　　　　B. 变形小

C. 很小　　　　　　　　　　　　　D. 不变

47. 车削加工时的切削力可分解为主切削力 F_z、切深抗力 F_y 和进给抗力 F_x，其中消耗功率最大的力是(　C　)。

A. 进给抗力 F_x　　　　　　　　　B. 切深抗力 F_y

C. 主切削力 F_z　　　　　　　　　D. 不确定

48. 工件在两顶尖间装夹时，可限制(　B　)自由度。

A. 四个　　　　　　　　　　　　　B. 五个

C. 六个　　　　　　　　　　　　　D. 三个

49. 最新修订的节能法将(　A　)确定为基本国策。

A. 节约资源　　　　　　　　　　　B. 节约能源

C. 节约用水　　　　　　　　　　　D. 节约用电

50. 下列选项有关劳动争议仲裁的表述，(　B　)是错误的。

A. 仲裁是劳动争议解决的必经程序，未经仲裁不得诉讼

B. 劳动争议发生后，当事人就争议的解决有仲裁协议的，可以进行仲裁

C. 劳动争议仲裁委员会解决劳动争议时可以依法进行调解，仲裁调解书具有法律效力

D. 因签订集体合同发生的争议不能采用仲裁的方式解决，但履行集体合同发生的争议则可以仲裁

51. 社会主义道德建设的基本要求是(　B　)。

A. 心灵美、语言美、行为美、环境美

B. 爱祖国、爱人民、爱劳动、爱科学、爱社会主义

C. 仁、义、礼、智、信

D. 树立正确的世界观、人生观、价值观

52. 下列关于职业道德的说法中，正确的是(　C　)。

A. 职业道德的形式因行业不同而有所不同

B. 职业道德在内容上具有变动性

C. 职业道德在适用范围上具有普遍性

D. 讲求职业道德会降低企业的竞争力

53. 以下关于诚实守信的认识和判断中，正确的选项是(　B　)。

A. 诚实守信与经济发展相矛盾

B. 诚实守信是市场经济应有的法则

C. 是否诚实守信要视具体对象而定

D. 诚实守信应以追求利益最大化为准则

54. 新型数控机床闭环控制伺服系统中的伺服电动机多采用(　B　)。

A. 步进电动机　　　　　　　　　　B. 交流电动机

C. 直流电动机　　　　　　　　　　D. 测速发电机

55. 刀具材料中，制造各种结构复杂的刀具应选用(　C　)。

A. 碳素工具钢　　　　　　　　　　B. 合金工具钢

C. 高速工具钢　　　　　　　　　　D. 硬质合金

56. 以工件外圆为定位基准来修研工件两端的顶尖孔，然后以顶尖孔为定位基准来精磨外圆的基准采用原则称为(　D　)原则。

A. 基准统一　　　　　　　　　　　B. 基准重合

C. 自身基准　　　　　　　　　　　D. 互为基准

57. 下列操作不正确的是(　A　)。

A. 操作机床时，戴防护手套　　　　B. 戴褐色眼镜从事电焊

C. 借助推木操作剪切机械　　　　　D. 机床加工零件时关上防护门

58. 用人单位招用劳动者，(　D　)扣押劳动者的居民身份证和其他证件。

A. 可以　　　　　　　　　　　　　B. 不应

C. 应当　　　　　　　　　　　　　D. 不得

59. 主轴箱中(　B　)与传动轴之间，可以装有滚动轴承，也可以装有铜套，用以减少零件的摩擦。

A. 离合器　　　　　　　　　　　　B. 空套齿轮

C. 固定齿轮　　　　　　　　　　　D. 滑移齿轮

60. 滚珠丝杠的基本导程 L_0 减小，可以(　A　)。

A. 提高精度　　　　　　　　　　　B. 提高承载力

C. 提高传动效率　　　　　　　　　D. 加大螺旋升角

61. 粗加工多头蜗杆，应采用(　A　)装夹的方法。

A. 一夹一顶　　　　　　　　　　　B. 两顶尖

C. 三爪自定心卡盘　　　　　　　　D. 四爪单动卡盘

62. (　D　)夹紧装置夹紧力最小。

A. 气动　　　　　　　　　　　　　B. 气-液压

C. 液压　　　　　　　　　　　　　D. 卡盘

63. 双连杆在花盘上加工，首先要检验花盘盘面的(　D　)及花盘对主轴轴线的垂直度。

A. 对称度　　　　　　　　　　　　B. 直线度

C. 平行度　　　　　　　　　　　　D. 平面度

64. 公差代号 H7 的孔和代号(　C　)的轴组成过渡配合。

A. f6　　　　　　　　　　　　　　B. g6

C. m6　　　　　　　　　　　　　　D. u6

65. 扭簧比较仪又称测微仪，分度值一般为(　B　)mm。

A. 0.005～0.01　　　　　　　　　　B. 0.0005～0.001

C. 0.001～0.005　　　　　　　　　　D. 0.01～0.05

66. (　D　)表示自动换刀装置。

A. NC　　　　　　　　　　　　　　B. MC

C. FMS　　　　　　　　　　　　　　D. ATC

67. 数控机床加工调试中遇到问题想停机应先停止(　C　)。

A. 切削液
B. 主运动

C. 进给运动
D. 辅助运动

68. (C)是"6S"活动的核心。

A. 整顿
B. 整理

C. 素养
D. 清扫

69. (A)是利用形象直观、色彩适宜的各种视觉感知信息来组织现场生产活动。

A. 目视管理
B. 看板管理

C. "6S"管理
D. 准时生产制

70. 下列(B)会引起加工质量的正常波动。

A. 夹具的严重松动
B. 刀具的正常磨损

C. 量具的误差
D. 混入不同规格成分的原材料

71. 影响数控车床加工精度的因素很多，要提高加工工件的质量，有很多措施，但(A)不能提高加工精度。

A. 将绝对编程改变为增量编程
B. 正确选择车刀类型

C. 控制刀尖中心高误差
D. 减小刀尖圆弧半径对加工的影响

72. 三爪自定心卡盘定位限制(C)自由度。

A. 2 个
B. 3 个

C. 4 个
D. 5 个

73. 刀具磨损的最常见形式是(A)。

A. 磨料磨损
B. 扩散磨损

C. 氧化磨损
D. 热电磨损

74. 插补运动中，实际终点与理想终点的误差，一般(A)脉冲。

A. 不大于半个
B. 等于一个

C. 大于一个
D. 等于 0.8 个

75. 设 H01 = 6 mm，则"G91 G43 G01 Z-15.0 H01；"执行后的实际移动量为(D)。

A. 21 mm
B. 9 m

C. 15 mm
D. −9 mm

76. 已知两圆的方程，需根据两圆的方程求两圆交点，如果判别式 $\Delta > 0$，则说明两圆弧(B)。

A. 有一个交点
B. 有两个交点

C. 没有交点
D. 相切

77. 数控车床床身导轨在水平面内出现弯曲(前凸)时，加工后的工件呈(C)形。

A. 锥形
B. 鞍形

C. 鼓形
D. 圆柱形

78. 机械性能要求较高的零件在粗加工后，精加工之前应安排(D)处理，以提高零件心部的综合力学性能。

A. 退火
B. 回火

C. 正火
D. 调质

79. 超精密切削时使用(C)刀具，切削刃可以磨得极其锋利。

A. 高速钢　　　　　　　　　　　B. 硬质合金

C. 天然单晶金刚石　　　　　　　D. 陶瓷

80. 生产进度控制不包括(D)。

A. 投入进度控制　　　　　　　　B. 出产进度控制

C. 工序进度控制　　　　　　　　D. 日常分配进度

81. 生产作业控制的主要内容有(A)。

A. 生产进度控制、在制品占用量控制和生产调度

B. 生产进度控制、出产进度控制和生产调度

C. 生产进度控制、工序进度控制和生产调度

D. 生产进度控制、在制品占用量控制、投入进度控制

82. 当零件所有表面具有相同特征时可在图形(D)统一标注。

A. 左上角　　　　　　　　　　　B. 右下角

C. 左下角　　　　　　　　　　　D. 右上角

83. 用以确定公差带相对于零线位置的上偏差或下偏差的公差称为(B)。

A. 尺寸偏差　　　　　　　　　　B. 基本偏差

C. 尺寸公差　　　　　　　　　　D. 标准公差

84. 热继电器在控制电路中起的作用是(B)。

A. 短路保护　　　　　　　　　　B. 过载保护

C. 失压保护　　　　　　　　　　D. 过电压保护

85. 开机时，荧幕画面上显示"NOT READY"是表示(A)。

A. 机器无法运转状态　　　　　　B. 伺服系统过载荷

C. 伺服系统过热　　　　　　　　D. 主轴过热

86. 数控车床能进行螺纹加工，其主轴上一定安装了(B)。

A. 测速发电机　　　　　　　　　B. 脉冲编码器

C. 温度控制器　　　　　　　　　D. 光电管

87. 欲加工第一象限的斜线(起始点在坐标原点)，用逐点比较法直线插补，若偏差函数大于零，说明加工点在(B)。

A. 坐标原点　　　　　　　　　　B. 斜线上方

C. 斜线下方　　　　　　　　　　D. 斜线上

88. 使用深度游标卡尺度量内孔深度时，应取其(C)。

A. 最大读值　　　　　　　　　　B. 图示值

C. 最小读值　　　　　　　　　　D. 偏差值

89. 技术先进性主要体现在(C)工艺水平和装备水平方面。

A. 高价引进技术　　　　　　　　B. 技术超前

C. 产品质量性能　　　　　　　　D. 拥有专家

90. 滚珠丝杠预紧的目的是(C)。

A. 增加阻尼比，提高抗震性　　　B. 提高运动平稳性

C. 消除轴向间隙和提高传动刚度　D. 加大摩擦力，使系统能自锁

91. 工件的定位精度主要靠(A)来保证。

A. 定位元件　　　　　　　　　　B. 辅助元件

C. 夹紧元件　　　　　　　　　　D. 其他元件

92. (　C　)对刀具寿命影响程度最大。

A. 进给量　　　　　　　　　　　B. 背吃刀量

C. 切削速度　　　　　　　　　　D. 侧吃刀量

93. YG8 硬质合金，其中数字"8" 表示(　B　)含质量百分数。

A. 碳化钨　　　　　　　　　　　B. 钴

C. 钛　　　　　　　　　　　　　D. 碳化钛

94. 在切削速度加大到一定值后，随着切削速度继续加大，切削温度(　C　)。

A. 继续升高　　　　　　　　　　B. 停止升高

C. 平稳并趋于减小　　　　　　　D. 不变

95. CAD 是指(　A　)。

A. 计算机辅助设计　　　　　　　B. 计算机编程

C. 计算机辅助制造　　　　　　　D. 计算机辅助分析

96. 数控机床电气柜的空气交换部件应(　B　)清除积尘，以免温升过高产生故障。

A. 每日　　　　　　　　　　　　B. 每周

C. 每季度　　　　　　　　　　　D. 每年

97. 数控机床进给传动系统中不能用链传动是因为(　C　)。

A. 平均传动比不准确　　　　　　B. 噪声大

C. 瞬时传动比是变化的　　　　　D. 制造困难

98. 产品质量波动是(　B　)。

A. 完全可以避免的　　　　　　　B. 不可以避免的

C. 偶尔可以避免的　　　　　　　D. 经常可以避免的

99. 在质量检验中，要坚持"三检"制度，即(　A　)。

A. 自检、互检、专职检　　　　　B. 首检、中间检、尾检

C. 自检、巡回检、专职检　　　　D. 首检、巡回检、尾检

学习活动 2　多项选择题

1. 关于诚实守信的说法，你认为正确的是(　ABC　)。

A. 诚实守信是市场经济法则

B. 诚实守信是企业的无形资产

C. 诚实守信是为人之本

D. 奉行诚实守信的原则在市场经济中必定难以立足

E. 诚实守信是要吃亏的

2. 夹持细长轴时，需要注意(　AC　)。

A. 工件变形　　　　　　　　　　B. 工件扭曲

C. 工件刚性　　　　　　　　　　D. 工件密度

E. 工件体积

3. 生产的安全管理活动包括(ABDE)。

A. 警示教育 B. 安全教育

C. 文明教育 D. 环保教育

E. 上、下班的交通安全教育

4. 数控车削用的刀具材料有(ABCDE)。

A. 高速钢 B. 硬质合金

C. 陶瓷 D. 立方氮化硼

E. 聚晶金刚石

5. 车刀的用途不同,刀片的夹紧方式也有所不同。(BCE)属于国家标准规定的夹紧方式。

A. 钩销式 B. 杠杆式

C. 上压式 D. 偏心销式

E. 复合式

6. 数控加工编程前要对零件的几何特征如(ABD)等轮廓要素进行分析。

A. 平面 B. 直线

C. 轴线 D. 曲线

E. 尺寸线

7. 下列软件中(ABC)是美国公司开发的 CAD/ CAM 软件。

A. Pro/E B. UG

C. MasterCAM D. CAXA ME 制造工程师

E. CATIA

8. 工件外圆尺寸超差的原因可能是(ABCD)。

A. 刀具数据不准确 B. 切削时产生让刀

C. 程序错误 D. 工件尺寸计算错误

E. 工件密度过大

9. 在运用成组技术对零件进行分类编码时,首先要将零件划分为(DE)两类。

A. 简单 B. 精密

C. 复杂 D. 回转体

E. 非回转体

10. "6S" 活动包括下列中的(BDE)。

A. 纪律 B. 生产现场整理

C. 考核 D. 清扫

E. 素养

11. 关于职业纪律的正确表述是(ABC)。

A. 每个从业人员开始工作前,就应明确职业纪律

B. 从业人员只有在工作过程中才能明白职业纪律的重要性

C. 从业人员违反职业纪律造成损失,要追究其责任

D. 职业纪律是企业内部的规定,与国家法律无关

E. 以上说法均不正确

12. 关于爱岗与敬业关系的论述，你认为正确的是(AC)。
A. 爱岗与敬业是相互联系的　　　B. 敬业不一定爱岗
C. 爱岗敬业是现代企业精神　　　D. 爱岗不一定敬业
E. 以上都不准确

13. 硬质合金与高速钢相比，具有(ACDE)优点。
A. 硬度较高　　　B. 硬度较低
C. 耐磨性较好　　　D. 高速切削
E. 红硬性较好

14. 影响切削力的主要因素有(ACD)。
A. 工件材料　　　B. 工件尺寸
C. 车刀角度　　　D. 切削用量
E. 机床精度

15. 质量管理常用方法中的"老七种工具"包括(BD)。
A. 系统图法　　　B. 直方图
C. 关联图　　　D. 因果图
E. 参考图

16. 常用的预备热处理有(BC)。
A. 淬火　　　B. 退火
C. 正火　　　D. 渗碳
E. 渗氮

17. 影响刀具寿命的因素有(ACDE)。
A. 切削用量　　　B. 机床精度
C. 刀具材料　　　D. 工件材料
E. 刀具几何参数

18. 数控实训教学中，数控加工仿真软件的作用(ABCDE)。
A. 可实现人手一机　　　B. 培训安全可靠
C. 培训费用低　　　D. 可迅速提高操作者的素质
E. 可集多种数控系统于一体

19. 机械加工表面质量包括(ABCDE)。
A. 表面粗糙度　　　B. 冷作硬化
C. 残余应力　　　D. 金相组织变化
E. 表面波纹度

20. 滚珠丝杠副有噪声，则原因可能是(ABCDE)。
A. 滚珠丝杠轴承盖压合不良　　　B. 滚珠丝杠润滑不良
C. 滚珠产生破损　　　D. 丝杠支撑轴承破裂
E. 电动机与丝杠联轴器松动

21. 做好生产调度工作应遵循以下原则(BCE)。
A. 随机性　　　B. 预见性
C. 集中性　　　D. 科学性

E. 及时性

22. 数控机床日常保养中，(BCD)部位需不定期检查。

A. 各防护装置 B. 废油池

C. 排屑器 D. 冷却油箱

E. 导轨水平度

23. 机械在运转状态下，工人不应(ABCD)。

A. 对机械进行加油清扫 B. 与旁人聊天

C. 拆除安全装置 D. 打开电器柜门

E. 关上机床防护门

24. 车削加工工序的安排原则(ABDE)。

A. 先粗后精 B. 先近后远

C. 先远后近 D. 内外交叉

E. 基面先行

25. 关于勤劳节俭的正确说法是(CDE)。

A. 消费可以拉动需求、促进经济发展，因此提倡节俭是不合时宜的

B. 勤劳节俭是物质匮乏时代的产物，不符合现代企业精神

C. 勤劳可以提高效率，节俭可以降低成本

D. 勤劳节俭有利于可持续发展

E. 勤劳节俭是中华民族的传统美德

26. 金属材料的热处理是用(AB)的方法来调节和改善其材料的性质。

A. 淬火、回火 B. 退火、正火

C. 加热 D. 加热后冷

E. 渗碳

27. 在数控车床上加工时，如刀尖安装高度高时对工作角度的影响是(AD)。

A. 前角变大 B. 前角变小

C. 后角变大 D. 后角变小

28. 预备热处理的作用(ABD)。

A. 改善材料的切削性能 B. 改善组织

C. 提高零件的耐磨性 D. 消除毛坯制造时的残余应力

E. 提高零件的表面硬度

29. CAM 软件最基本的功能是(ABDE)。

A. 前置处理 B. 后置处理

C. 数学处理 D. 生成代码

E. 生成轨迹

30. 加工精度包括(ABCDE)。

A. 尺寸精度 B. 圆度

C. 直线度 D. 同轴度

E. 平行度

31. 机床润滑油泄漏，可能的原因是(ABC)。

A. 润滑油量过大　　　　　　　B. 密封件有损坏

C. 管道损坏　　　　　　　　　D. 润滑油量不足

E. 管路堵塞

32. 在编制非回转体零件成组工艺时，要求做到(　BCE　)的三统一。

A. 时间　　　　　　　　　　　B. 机床

C. 夹具　　　　　　　　　　　D. 精度

E. 工艺

33. 下列关于道德的说法中，正确的有(　AB　)。

A. 道德是处理人与人之间关系的特殊性规范

B. 道德是人区别于动物的重要标志

C. 道德是现代文明社会的产物

D. 道德从来没有阶级

E. 道德优于法律

34. 职业纪律的特征(　ABCD　)。

A. 职业性　　　　　　　　　　B. 安全性

C. 自律性　　　　　　　　　　D. 制约性

E. 开放性

35. 闭环控制系统的特点是(　BDE　)。

A. 结构简单　　　　　　　　　B. 精度高

C. 调试维修方便　　　　　　　D. 价格高

E. 结构复杂

36. 夹持细长轴时，需要注意(　ABC　)。

A. 工件变形　　　　　　　　　B. 工件扭曲

C. 工件刚性　　　　　　　　　D. 工件密度

E. 工件体积

37. 可做刀具的材料有(　ABCDE　)。

A. 高速钢　　　　　　　　　　B. 硬质合金

C. 陶瓷　　　　　　　　　　　D. 立方氮化硼

E. 聚晶金刚石

38. 数控编程中，宏程序的特点是(　BCD　)。

A. 常量编程　　　　　　　　　B. 变量编程

C. 变量间可以运算　　　　　　D. 可以循环跳转

E. 不可循环跳转

39. 常见的 CAM 软件有(　ABC　)。

A. Pro/E　　　　　　　　　　B. UG

C. MasterCAM　　　　　　　　D. NASM

E. PowerBuilder

40. 工件外圆尺寸超差的原因可能是(　ABCD　)。

A. 刀具数据不准确　　　　　　B. 切削时产生让刀

C. 程序错误　　　　　　　　D. 工件尺寸计算错误

E. 工件密度过大

41. 零件的加工过程按工序的性质不同，可分为(ABDE)加工阶段。

A. 精加工阶段　　　　　　　B. 粗加工阶段

C. 热处理阶段　　　　　　　D. 光整加工阶段

E. 半精加工阶段

42. 产品质量包括(ABCE)方面的特性。

A. 性能　　　　　　　　　　B. 寿命

C. 可靠性　　　　　　　　　D. 复杂性

E. 安全性

43. 超硬刀具材料是(CE)两种材料的统称。

A. 陶瓷　　　　　　　　　　B. 普通硬质合金

C. 金刚石　　　　　　　　　D. 高速钢

E. 立方氮化硼

44. 数控编程中，宏程序的特点是(BCDE)。

A. 常量编程　　　　　　　　B. 变量编程

C. 可以运算　　　　　　　　D. 循环跳转

E. 条件判断

45. 加工精度包括(ABCDE)。

A. 尺寸精度　　　　　　　　B. 圆度

C. 直线度　　　　　　　　　D. 同轴度

E. 平行度

46. 数控机床故障修理的原则(ABCDE)。

A. 先外部后内部　　　　　　B. 先机械后电气

C. 先静后动　　　　　　　　D. 先简单后复杂

E. 先一般后特殊

学习活动 3　判　断　题

(×) 1. 职业道德的社会作用有利于调节党、人民政府与群众的关系。

(×) 2. 退火的目的是改善钢的组织，提高其强度，改善切削加工性能。

(√) 3. 过盈配合零件表面粗糙度值应该选小为好。

(×) 4. 刀具前角越大，切屑越不易流出，切削力越大，但刀具的强度越高。

(√) 5. 零件图中的尺寸标注要求是完整、正确、清晰、合理。

(×) 6. 标准公差可以是 +、− 或 0。

(√) 7. 职业道德具有适用范围的有限性。

(×) 8. 低碳钢的含碳量为≤0.025%。

(√) 9. 尺寸链中间接保证尺寸的环，称为封闭环。

（√）10. 数控机床为了避免运动件运动时出现爬行现象，可以通过减少运动件的摩擦来实现。

（×）11. 滚珠丝杠螺母副中的滚珠在运行过程中只绕滚道运动。

（√）12. 保证工件达到图样所规定精度和技术要求，夹具上的定位基准应与工件上设计基准、测量基准尽可能重合。

（×）13. CAM 是指计算机辅助设计。

（√）14. 在基准不符合情况下加工，基准不符误差不仅影响加工尺寸精度，还会影响加工表面的位置精度。

（√）15. 职业道德兼有强烈的纪律性。

（√）16. 平行度、对称度同属于位置公差。

（×）17. FMS 是指自动化工厂。

（×）18. 夹具的制造误差通常应是工件在该工序中允许误差的 1/10～1/20。

（√）19. 数控车床具有运动传动链短、运动副的耐磨性好、摩擦损失小、润滑条件好、总体结构刚性好、抗振性好等结构特点。

（√）20. 可以完成几何造型(建模)；刀位轨迹计算及生成；后置处理；程序输出功能的编程方法，被称为图形交互式自动编程。

（√）21. 尺寸链中封闭环的公差等于所有组成环的公差之和。

（×）22. 便携式表面粗糙度测量仪不可以在垂直和倒立的状态下进行操作。

（×）23. 造成液压卡盘失效故障的原因一般是液压系统的故障。

（√）24. 系统断电时，用电池储存的能量来维持 RAM 中的数据，更换电池时一定要在数控系统通电的情况下进行。

（√）25. 间接测量须通过计算才能实现。

（×）26. 数控机床坐标轴的重复定位精度为各测点重复定位误差的平均值。

（×）27. YG 类硬质合金中含钴量较高的牌号耐磨性较好，硬度较高。

（√）28. 数控车床 Z 向丝杠采用一端固定，一端浮动的支撑形式，目的是给丝杠留有受热轴向伸长的余地。

（√）29. 对于大型框架件、薄板件和薄壁槽形件的高效高精度加工，高速切削加工是目前唯一有效的方法。

（×）30. 切削纯铜和不锈钢等弹塑性材料时，应选用直线圆弧型或直线型断屑槽。

（×）31. 不同的数控机床可能选用不同的数控系统，但数控加工程序指令都是相同的。

（×）32. 公差就是加工零件实际尺寸与图纸尺寸的差值。

（√）33. 闭环伺服系统工程使用的执行元件是交流伺服电动机。

（×）34. 数控车床上切断时，宜选用较高的进给速度；车削深孔或精车时宜选择较低的进给速度。

（√）35. 对于标准圆锥或配合精度要求较高的圆锥工件，一般使用圆锥套规和圆锥塞规检验。

（√）36. 当工艺系统的刚性差，如车削细长的轴类零件时，为避免振动，宜增大主偏角。

（√）37. 在数控机床上加工零件，应尽量选用组合夹具和通用夹具装夹工件。避免采用专用夹具。

（×）38. 刀具涂层技术可分为 CVD 技术和 TVD 技术。

（√）39. 后置处理的主要任务是把 CAM 软件前置处理生成的刀轨和工参信息文件，转换成特定机床控制器可接受的特定格式的数控代码文件——NC 程序。

（×）40. 光整加工主要用于提高位置精度。

（√）41. 数控机床的运动精度主要取决于伺服驱动元件和机床传动机构精度、刚度和动态特征。

（√）42. MasterCAM 中的工作深度 Z，是定义构图平面在 Z 方向的位置。

（√）43. 计算机仿真加工系统是一个应用虚拟现实技术于数控加工操作技能培训的仿真软件。

（×）44. MRPⅡ 最基本的功能是生产计划决策功能。

（√）45. 车床主轴编码器的作用是防止切削螺纹时乱扣。

（√）46. 硬质合金是用粉末冶金法制造的合金材料，由硬度和熔点很高的碳化物和金属黏结剂组成。

（√）47. 在车削中心上，所谓同步驱动是指主轴和动力刀具之间有固定的转速比。

（√）48. 三坐标测量机按其工作方式可分为点位测量方式和连续扫描测量方式。

（√）49. 衡量数控机床可靠性的指标有平均无故障工作时间、平均排除故障时间及有效度。

（√）50. MRPⅡ 中的制造资源是指生产系统的内部资源要素。

学习活动4　简答、计算、绘图题

1. 图 8-1 所示为轴套件，当加工 B 面保证尺寸 $10^{+0.2}_{0}$ mm 时的定位基准为 A 时，需进行工艺尺寸换算。试画工艺尺寸链图，并计算 A、B 间的工序尺寸。

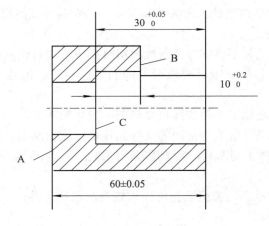

图 8-1　轴套件

解：根据题意，尺寸 L0 = 10 + 0.2，0 为封闭环，L3 为增环，L2 = 30 + 0.05，0 为增

环，L1 = 60 ± 0.05 为减环

则：L0 = L3 + L2 − L1，得 10 = L3 + 30 − 60，L3 = 40

esL0 = esL3 + esL2 − eiL1　得　+ 0.2 = esL3 + 0.05 − (− 0.05)

esL3 = + 0.1

eiL0 = eiL3 + eiL2 − esL1　得　0 = eiL3 + 0 − (+ 0.05)

eiL3 = + 0.05

则 L3 = $40^{+0.1}_{+0.05}$

2. 简述数控加工程序的一般编制步骤。

答：(1) 分析零件图样；

(2) 确定加工工艺；

(3) 数值计算；

(4) 编程程序单；

(5) 制作控制介质；

(6) 校验程序。

3. 什么叫工件的六点定位原则？为什么说夹紧不等于定位？

答：用适当分布的与工件接触的六个支承点限制工件六个自由度的原则，称为六点点位原则。

定位是指工件在机床和夹具中占有正确的位置，夹紧指加工过程中保持定位位置不变，两者概念是不一样的。

4. 造成主轴回转误差的因素有哪些？

答：造成主轴回转误差的因素有以下几点。

(1) 各轴承孔之间的同轴度误差；

(2) 壳体孔定位端面与轴线的垂直度误差；

(3) 轴承间隙；

(4) 滚动轴承滚道的圆度和滚动体的尺寸形状误差，以及锁紧螺母端面的跳动等。

5. 试简述液压传动的优点有哪几方面？

答：(1) 传动平稳；(2) 质量轻，体积小；(3) 承载能力大，易实现无级调速；

(4) 液压元件能自动润滑，使用寿命长；(5) 易实现复杂动作；(6) 结构简化；

(7) 便于实现自动化；(8) 易实现过载保护。

6. 成组生产组织形式有哪几种？分别有什么含义？

答：成组生产组织形式有成组单机、成组生产单元、成组生产流水线。

(1) 成组单机是把一组工序相同或相似的零件集中在一台机床上加工。

(2) 成组生产单元是把一组或几组工艺上相似零件的全部工艺过程，由相应的一组机床完成，该机床构成车间的一个封闭生产单元。

(3) 成组生产流水线是严格按照零件组的工艺过程进行组织，在线上各工序节拍是相互一致的，可缩短零件生产时间和在制品数量。

7. 数控机床的定位精度和重复定位精度有何区别？

答：定位误差是指零件或刀具等实际位置与标准位置(理论位置、理想位置)之间的差

距，距离越小，说明定位精度越高，是零件加工精度得以保证的前提；重复定位误差是在相同条件下(同一台数控机床上，操作方法不同，应用同一零件程序)加工一批零件所得到的连续结果的不一致程度。

8. 什么是全面质量管理？

答：全面质量管理(简称 TQC)，是指企业为了保证和提高产品质量，组织全体职工及有关部门参加，综合运用一整套的质量管理体系、管理技术、科学方法，控制影响质量全过程的各因素，综合改善生产技术，经济地研制和生产用户满意的产品的系统管理活动。它是一种科学的现代质量管理方法。

9. 45 钢棒料直径 $\phi100$ mm，用 $45°$ 偏刀粗加工至 $\phi90$ mm，主轴转速 800 r/min，进给量 0.4 mm/r。

求：(1) 切削速度 v_e。

(2) 背吃刀量 a_p。

(3) 进给运动速度 v_f。

(4) 金属切除率 Q(cm³/min)。

解：(1)
$$v_e = \frac{\pi D n}{1000} = \frac{3.14 \times 100 \times 800}{1000} = 251.2 \text{ m/min}$$

(2)
$$a_p = \frac{D - d}{2} = \frac{100 - 90}{2} = 5 \text{ mm}$$

(3)
$$v_f = f \times n = 0.4 \times 800 = 320 \text{ mm/min}$$

(4)
$$Q = 1000 \times v_e \times a_p \times f = 1000 \times 251.2 \times 5 \times 0.4 = 502\,400 \text{ mm}^3/\text{min}$$

10. 简述数控系统中的插补原理。

答：机床数控系统按照一定的方法确定刀具运动轨迹的过程。也可以说，已知曲线上的某些数据，按照某种算法计算已知点之间的中间点，也称为数据点的密化，数控装置根据输入的零件程序的信息，将程序段所描述的曲线的起点和终点之间的空间进行数据密化，然后控制刀具运动到这些点进行加工，从而形成要求的轮廓轨迹，这个过程就是插补。

11. 什么是离线诊断？其目的是什么？

答：离线诊断是指数控系统出现故障后，数控系统制造厂家或专业维修人员利用专用的诊断软件和测试装置进行停机(或脱机)检查。其目的是：力求把故障定位到尽可能小的范围内，如缩小刀某个功能模块、某部分电路，甚至是某个芯片或元件，这种故障定位更为精确。

12. 全面质量管理的指导思想是什么？

答：全面质量管理的指导思想如下：

(1) 质量第一；

(2) 用户至上；

(3) 质量是设计、制造出来的，而不是检验出来的；

(4) 一切用数据说话；

(5) 一切以预防为主。

13. 加工薄壁零件时，为减少夹紧力对工件变形的影响，一般采用哪些措施？

答：(1) 工件分粗、精加工；

  (2) 增大装夹接触面；

  (3) 增加工艺肋；

  (4) 采用轴向夹紧夹具；

  (5) 充分加注切削液。

14. 对加工质量要求高的零件，应将粗、精加工分开，其主要原因是什么？

答：主要原因是减少热变形的影响。

  (1) 如果一次加工到位，工件冷却后尺寸和形位公差都将发生变化，从而不能满足图样要求。

  (2) 工件开始加工时，其外形多为毛坯，在装夹时以毛坯作为基准往往导致工件压装变形，从而影响产品质量。

  (3) 工件加工时，把粗加工和精加工分开进行也是对设备精度保护的要求，如果长期用同一设备既进行粗加工又进行精加工，势必导致设备精度的丧失，影响产品质量。

15. 数控机床本体的维护包括哪些内容？

答：机床本体的维护主要指机床机械部件的维护，由于机械部件处于运动摩擦过程中，因此，对它的维护和维修对保证机床精度是很重要的，如主轴箱的冷却和润滑，齿轮副、导轨副和丝杠螺母副的间隙调整和润滑，轴承的预紧，液压和气动装置的压力和流量的调整等。数控机床本体的维护包括以下内容。

  (1) 使机床保持良好的润滑状态。

  (2) 定期检查液压、气压系统。

  (3) 定期进行机床水平和机械精度检查并校正。

  (4) 适时对各坐标轴进行超程限位试验。

  (5) 数控机床日常保养。

16. 质量控制的含义。

答：为达到质量要求所采取的作业技术和活动称为质量控制。

17. 根据工件在机床上的安装(如图8-2所示)，回答以下问题。

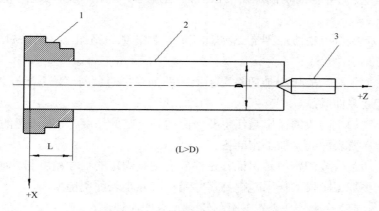

图 8-2 工件在机床上的安装示意图

(1) 三爪自定心卡盘 1 限制哪几个自由度？

答：X 向平动，Y 向平动，绕 X 轴转动和绕 Y 轴转动。

(2) 顶尖 3 限制哪几个自由度？

答：Z 向平动，X 向转动，Y 向转动。

(3) 工件安装属于哪种定位形式？

答：以外圆柱面定位。

(4) 如安装定位不合理采用什么改进措施？

答：X 向转动、Y 向转动是重复定位，不合理。其改进方法是：用一夹一顶装夹工件，卡盘夹持部分应较短，只限制 X 向平动和 Y 向平动，消除重复定位。

18. 车削中心上常用的刀具系统有哪几种，各有何特点？

答：一种是刀块形式，用凸键定位，螺钉夹紧定位可靠，夹紧牢固，刚性好，但换装费时，不能自动夹紧。

另一种是圆柱柄上铣齿条的结构，可实现自动夹紧，换装也快捷，刚性较刀块形式差一些。

车削中心上还开发了许多动力刀具刀柄，用于车削后工件的固定，也有接触式测头刀柄，用于各种测量。

19. 产品质量控制的内容是什么？

答：产品质量控制的内容包括作业技术和活动，也就是专业技术和管理技术两个方面。围绕产品质量形成全过程的各个环节，对影响产品质量的人、了、机、法、环五大因素进行控制，并对质量活动的成果进行阶段性验证，以便及时发现问题，防止产品质量不合格现象重复发生。因此，质量控制应贯彻预防为主与检验把关相结合的原则。

学习活动 5　综合、论述题

1. 一个高精度的零件的切削加工一般要经过哪几个加工阶段？其各个阶段的主要作用是什么？

答：高精度零件的切削加工要经过初加工、半精加工、精加工、光整加工 4 个阶段。各个阶段的主要作用如下。

　　(1) 初加工阶段的作用是切除毛坯上大部分多余的金属，使毛坯在形状和尺寸上接近零件成品。

　　(2) 半精加工阶段的作用是使主要表面达到一定的精度，留有一定的精加工余量，为主要表面的精加工作准备。

　　(3) 精加工阶段的作用是保证各主要表面达到规定的尺寸精度和表面粗糙度。

　　(4) 光整加工阶段的作用是提高尺寸精度，减小表面粗糙度。

2. 试述测量误差分哪些几类？各有何特点？应如何处理？

答：测量误差可分为随机误差、系统误差和粗大误差 3 类。

(1) 随机误差是在一定测量条件下多次测量同一量值时，其绝对值和符号以不可预定的方式变化的误差。其特点是具有随机性，符合正态分布规律。可采取多次测量后取算术平均值的方法处理。

(2) 系统误差是在测量过程中多次测量同一量值时所产生的误差大小和。其特点是符号固定不变或按一定规律变化的误差。在实际测量中，测量者应设法避免产生系统误差，如果难以避免，应设法消除或尽可能使其减小。

(3) 粗大误差是在测量过程中超出规定条件的预期误差。其特点是数值较大，测量结果明显不准。在测量过程中是不允许产生粗大误差的，若发现有粗大误差，则应按图样尺寸要求报废。

3. 根据工件安装在心轴上的示意图(如图 8-3 所示)，试分析以下几个问题。

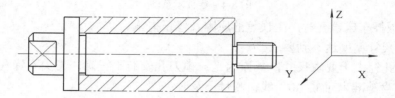

图 8-3　工件安装在心轴上的示意图

(1) 大端面限制哪几个自由度？

答：X 向平动，绕 Z 轴转动，绕 Y 轴转动。

(2) 圆柱心轴外圆限制哪几个自由度？

答：Y 向平动，Z 向平动，绕 Y 轴转动，绕 Z 轴转动。

(3) 属于哪种定位形式？

答：以圆孔定位。

(4) 如不合理可采用什么改进措施？

答：出现了过定位，应在工件与大断面之间加球面垫圈，或将大端面改为小端面，从而消除过定位。

4. 试述车削细长轴容易出现的质量问题及解决措施。

答：细长轴由于刚性差，在车床上加工时很容易因高速旋转而产生晃动，也会因受刀具的切削力而变形，所以加工往往产生很大的锥度，呈鼓形，严重时还会出现竹节形产品。

工艺上一般采用低转速＋尾顶＋跟刀架＋反向走刀＋刀具采用大前角锋利刀尖＋小吃刀量等措施来避免产生缺陷。

5. 如图 8-4 所示零件，加工孔 $d \pm \delta_1$ 深 h，其余表面均已加工好，试确定以下问题。

(1) 应限制哪几个自由度？

答：X、Y、Z 向平动和绕 X、Y、Z 向转动，共 6 个自由度。

(2) 确定定位方案。

答：一面两销，完全定位。

(3) 选择的定位元件，且说明所约束的自由度。

答：底面，大平面，约束 Z 向平动和绕 X、Y 向转动；中间大圆柱，约束 X、Y 向平动；小圆柱销，约束 Z 向转动。

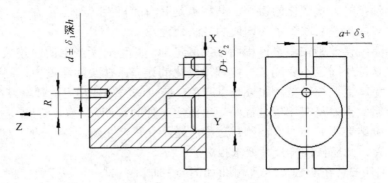

图 8-4　零件示意图

6. 试述数控车床镗孔时产生误差的原因及修正措施。

答：(1) 尺寸精度达不到要求。

　　① 孔径大于要求尺寸，其原因是：镗刀孔安装不正确，刀尖不锋利，小拖板转盘基准未对准"0"线，测量不及时；

　　② 孔径小于要求尺寸，其原因是：刀杆细，造成让刀现象或车削温度过高。

(2) 几何精度达不到要求。

　　① 内孔成多边形，其原因是：车床齿轮咬合过紧，接触不良；

　　② 内孔有锥度，其原因是：主轴中心线与导轨不平行；

　　③ 表面粗糙度达不到要求，其原因是：刀刃不锋利，角度不正确，选择切削用量不当，冷却不充分。

7. 根据图 8-5 的要求编制螺杆轴的数控车削加工工艺，加工工序卡见表 8-1。材料为 45 钢，调质处理。毛坯尺寸：$\phi50\ mm \times 240\ mm$。

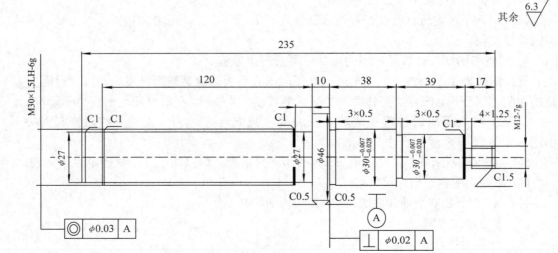

图 8-5　螺杆轴零件图

表 8-1　螺杆轴零件加工工艺卡

零件名称	轴类零件		材料	45 钢	毛坯	$\phi 50 \times 240$
工序	工步号	加工内容		刀具及刀具号	转速(r/min)	进给(mm/r)
夹住毛坯右端，伸出长度 110	1	手动平端面		外圆车刀，T0101	800	
	2	车削外圆直径 48 mm，长度 100				
	3	打中心孔				
掉头装夹，夹住直径 48 外圆，长度 15 mm，打表找正，加工零件的右端	1	手动平端面，取总长		外圆车刀，T0101	800	
	2	G71 粗车外圆至深度 110 mm		外圆车刀，T0101	800	0.15
	3	G70 精车外圆至深度 110 mm		外圆车刀，T0202	1200	0.05
	4	G75 切槽 3 个		3 mm 切槽刀，T0303	200	0.02
	5	G76 车螺纹 M12		60° 螺纹车刀，T0404	200	1.75
掉头装夹，伸出长度 140 mm，打表找正，加工零件左端	1	G71 粗车外圆至深度		外圆车刀，T0101	800	0.15
	2	G70 精车外圆至深度		外圆车刀，T0202	1200	0.05
	3	G75 切槽 $\phi 27$		3 mm 切槽刀，T0303	200	0.02
	4	G76 车螺纹 M30		60° 螺纹车刀，T0404	200	1.5

8. 试述数控车削刀具的新材料、新技术。

答：车削刀具新材料有陶瓷、立方氮化硼、聚晶金刚石。

车削刀具新技术：涂层技术，采用化学气相沉积(CVD)或物理气相沉积(PVD)的方法，在普通硬质合金刀片表面上涂覆一层薄(厚度为 5 μm～12 μm)高耐磨性的难熔金属化合物而得到的刀具材料。

9. 试述数控车削加工中影响表面粗糙度的工艺因素及改善措施。

答：影响表面粗糙度的工艺因素主要有工件材料、切削用量、刀具几何参数及切削液等。

(1) 工件材料的影响。

① 韧性材料：工件材料韧性越好，金属塑性变形越大，加工表面越粗糙，故对

中碳钢和低碳钢材料的工件，为改善切削性能，减小表面粗糙度，常在粗加工或精加工前安排正火或调质处理。

②　脆性材料：加工粗糙度接近理论值，加工脆性材料时，其切削呈碎粒状，由于切屑的崩碎而在加工表面留下许多麻点，影响表面粗糙度。

(2)　切削速度的影响。积屑瘤和鳞刺仅在低速产生，切削速度越高，塑性变形越不充分，表面粗糙度值越小；选择低速宽刀精切和高速切，可以得到较小的表面粗糙度。

(3)　进给量的影响。减小进给量固然可以减小表面粗糙度值，但进给量过小，表面粗糙度会有增大的趋势。

(4)　工艺系统振的影响。工艺系统的频振动，一般在工件的已加工表面上产生表面波度，而工艺系统的高频振动将对已加工表面的粗糙度产生影响。为降低加工表面粗糙度，则必须采取相应的措施防止加工过程中产生高频振动。

10. 蜗轮壳体如图 8-6 所示，材料为 HT200，试分析其加工工艺过程，包含毛坯的选取、热处理的安排、机械加工工序的划分等，并填写机械加工工艺过程卡片，见表 8-2。

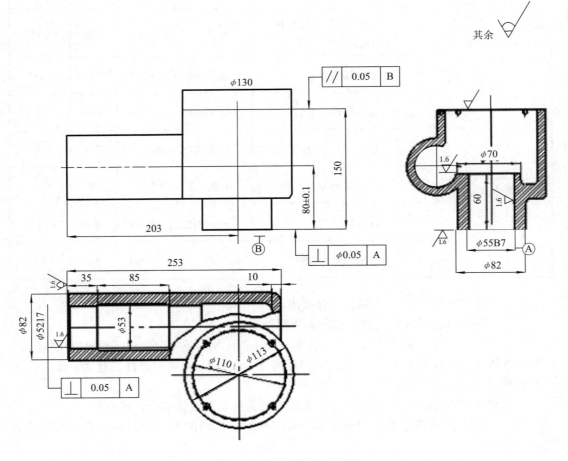

图 8-6　蜗轮壳体零件图

表 8-2 蜗轮壳体零件加工工艺卡

机械加工工艺过程卡片				零件名称	蜗轮壳体	第 1 页
材料牌号			HT200	毛坯种类		铸件
工序	工种	工步	工 序 内 容			工艺装备
1	铸		铸造毛坯			
2	热处理		退火			
3	钳工		划 ϕ55、ϕ52 孔中心十字线,80、60、150 和 203 端面线			
4	车	1 2 3 4	四爪单动卡盘夹 ϕ130 外圆,按划线找正车 ϕ82 端面至尺寸,车 ϕ55H7 孔至尺寸,ϕ70 端面长度至 60,倒角			
5	车	1 2	在 ϕ55g6 心轴上装夹,以 ϕ55H7 孔和 ϕ82 端面定位车 ϕ130 端面至长度 150,倒角			
6	车	1 2 3	在花盘角铁上装夹,以 ϕ55 孔和 ϕ82 端面定位,找正 ϕ52 孔中心线,车 ϕ82 端面至长度 203,车 ϕ55J7 孔至尺寸,倒角			
7	检		检验			

学习任务九　数控车工技师论文写作与答辩要点

学习活动1　论文写作

1. 论文的定义

论文是讨论和研究某种问题的文章，是一个人从事某一专业(工种，如数控车工)的学识、技术和能力的基本反映，也是个人劳动成果、经验和智慧的升华。

2. 论文的构成

论文由论点、论据、引证、论证、结论等几个部分构成。

(1) 论点是论述中的确定性意义及支持意见的理由。

(2) 论据是证明论题判断的依据。

(3) 引证是引用前人事例或著作作为明证、根据、证据。

(4) 论证是用以论证论题真实性的论述过程。一般根据个人的了解或理解证明。机械加工(如数控加工)技师论文是用事实，即加工出的零件来证明。

(5) 结论是从一定的前提推论得到的结果，对事物作出的总结性判断。

3. 技术论文的撰写

(1) 论文命题的选择。论文的命题标题应做到贴切、鲜明、简短。写好论文关键在如何选题。就机械行业来讲，由于每个单位情况不同，各专业技术工种也不同；就同一工种而言，其技术复杂程度、难易、深浅各不相同，专业技术各不相同，因此，不能用一种模式、一种定义来表达各不相同的专业技术情况。

选择命题不是刻意地寻找、研究那些尚未开发的领域，不要超出技师的要求，比如，数控车工技师论文选择为《五坐标刀具补偿的算法》(硕士论文)或《五坐标刀具补偿的建模》(博士论文)都是不合理的，而是把生产实践中解决的生产问题、工作问题通过筛选总结整理出来，上升为理论，以达到指导今后生产和工作的目的。数控车工技师论文选择《在车削中心上非圆曲线端面凸轮的编程与加工》就比较合适。命题是论文的精髓所在，是论文方向性、选择性、关键性、成功性的关键和体现，命题方向的选择失误往往导致论文的失败。

选题确定后再选择命题的标题。

(2) 摘要。摘要是论文内容基本思想的浓缩，其作用是简要阐明论文的论点、论据、方法、成果和结论。摘要应完整、准确和简练，其本身是完整的短文，能独立使用，字数一般两三百字为好，至多不宜超过500字。

(3) 主题词。主题词是对论文内容的高度概括，是代表论文的关键性词语。比如，《在车削中心上非圆曲线端面凸轮的编程与加工》的主题词就是"车削中心；非圆曲线；宏程序；加工方法；等距线；动力刀具"等。主题词一般为4～6个，一般不要超过10个。

(4) 前言。前言是论文的开场白，主要说明本课题研究的目的、相关的前人成果和知识空白、理论依据和实践方法、设备基础和预期目标等。切忌自封水平、客套空话、政治口号和商业宣传。

(5) 正文。正文是论文的主体，包括论点、论据、引证、论证、实践方法(包括其理论依据)、实践过程及参考文献、实际成果等。写好这部分文章要有材料、有内容，文字简明精炼，通俗易懂，准确地表达必要的理论和实践成果。在写作中表达数据的图、表要经过精心挑选；论文中凡引用他人的文章、数据、论点、材料等，均应按出现顺序依次列出参考文献，并做到准确无误。

(6) 结论。结论是整篇论文的归结，它不应是前文已经分别作的研究、实践成果的简单重复，而应该提到更深层次的理论高度进行概括，文字组织要有说服力，要突出科学性、严密性，使论文有完善的结尾。对于数控车工技师来说，最好是呈现已经用作者的加工方法加工出来的零件。

论文是按一定格式撰写的。一般分为题目、作者姓名和工作单位、摘要、前言、实践方法(包括其理论依据)、实践过程和参考文献等。论文全文的长短根据内容需要而定，一般在三四千字以内。论文写作要明确读者对象，要充分占有资料。初稿完稿后，要进行反复推敲与修改，使文字表达符合我国的语言习惯和行业标准，文字精炼，逻辑关系明确。除自审外，最好请有关专家审阅，按专家所提的意见再修改一次，以避免差错，进一步提高论文质量，达到精益求精的目的。

学习活动 2　论文的答辩

1. 专家组成

专业技术工种专家组须由5～7位相应技术工种的专家、技师、高级技师、工程师、高级工程师组成。

2. 答辩者自序

答辩者自序包括答辩者的个人情况和论文情况两部分内容。

(1) 答辩者的个人情况。其包括工作简历，发明创造，技术革新时间不要超过5 min。

(2) 论文情况。答辩者介绍一下论文的论点、论据、在本论文中的创新点、本论文存在的问题等。需要注意，这不是论文的宣读。时间不要超过10 min。

3. 专家提问

专家组提问考核，时间约为15 min。主要包括以下三个方面。

(1) 论文中提出的结构、原理、定义、原则、公式推导、方法等。

(2) 本工种的专业工艺知识，一般以鉴定标准为依据。

(3) 针对相关知识，不同的工种是不同的。比如，数控车工技师的相关知识大体上涉及加工工艺、夹具、刀具、电气、维修、验收、工效学、质量管理、消防、安全生产、环境保护等知识。

4. 结论

对具体论文(工作总结)主要从论文项目的难度、项目的实用性、项目经济效果、项目的科学性进行评估。作出"优秀、良好、中等、及格、不及格"的结论。

学习活动 3　技术能力总结撰写要求及格式样例

一、技术能力总结撰写要求

1. 技术能力总结

技术能力总结是技术总结与能力总结，其内容应包括以下三方面。

(1) 本人职业经历。

(2) 本人近三年来所完成的生产任务工作业绩，设备改造或技术攻关项目，革新创新能力，传技授艺方面所取得的成绩和具有技术性的成果，并运用典型事例和有利证据进行说明。

(3) 对本人能力水平的评价，应说明是否达到国家职业标准要求的技师或高级技师能力水平。

2. 对技术能力总结的要求

技术能力总结应由考生独立完成，不得抄袭或由他人代写，也不得侵权，参考文献应附注。(参考文献是在论文中对撰写人起到启示、参考作用的书籍、报刊中的文章，出于尊重他人观点、成果的需要，同时便于读者查询原文，一般应在论文的后面列出主要参考文献的目录。参考文献的标注格式为：图书，按作者、书名、出版社、出版年、版次的顺序标注；期刊，按作者、篇名、期刊名称、年份(期号)、页码的顺序标注；报纸，按作者、篇名、报纸名称、年份日期、版次的顺序标注。)

3. 技术能力总结的文字及数量要求

二级字数应不少于 2000 字，一级字数应不少于 3000 字，文字表述力求简明扼要，做到表达准确。若有附图应正确描绘，并注明比例。要结合自己工作实践，突出体现所申报专业、级别、应有的工作能力、技术水平和业务实绩，技术能力总结是技师、高级技师进行综合评审时重要的参考依据之一。

4. 技术能力总结格式(见附件 2)

(1) 第一页封面：标题用二号仿宋体字，其他用三号仿宋体字。

(2) 第二页技术能力总结正文：标题用二号宋体，正文用四号仿宋体字。

5. 技术能力总结的打印规格及数量

技术能力总结用 A4 纸打印，一式 5 份。

二、技术能力总结正文格式样例

1. 正文格式样例一

技术能力总结

(1) 本人于 xx 年 x 月从 xx 校 xx 专业毕业分配到某厂从事 xx 工作，经过十几年的不断学习和经验的积累，逐渐成长为业务骨干，xxxxxxxx 有着更深刻的体会。

(2) 近几年来，xxxxx 运用自己所掌握的理论知识和实践经验为我厂解决了 xxxxx 问题，如：

① xxxxx；

② xxxxx；

③ xxxxx。

(3) 传、帮、带。

(4) 总结并根据自己的技术能力和业绩，对照国家职业标准，本人已达到了 xxx 技师水平。

2. 正文格式样例二

个人工作能力总结

(1) 本人于 xx 年 x 月从 xx 大学 xx 专业毕业，同年 x 月分配进入 xx 厂 xx 车间从事 xx 工作。xx 年 x 月获得了 xx 资格，任职以来，本人兢兢业业刻苦钻研业务，不断提高理论水平和业务水平，先后参加与 xxxx。xx 年获得 xx 荣誉。

(2) 历年来参与的技术改造项目。

xxxxxxxxxxxxxxxxxxxxxxxxxxxxxxxxxxxxxxxxxxxxxxxxxxxxx。举其中的一个改造项目如下：

① 前言；

② 改造前存在的问题；

③ 问题的分析与解决；

④ 改造后的情况；

⑤ 结束语。

(3) 在传授技艺方面的成果。

(4) 总结并根据自己的技术能力和业绩，对照国家职业标准，本人已达到了 xx 技师水平。

附录 A　福建省技师、高级技师职业资格考评申报表样表

福建省技师、高级技师职业资格考评申报表

姓　　　　　名：　　　　　__XXXX__　　　　　

工　作　单　位：　__XXXXXXXXXXXXXX__　

申 报 职 业(工种)：　　__维修电工或钳工或焊工__　

申　报　等　级：　　　__技师或高级技师__　　

申　报　时　间：　　　__XXXX 年 XX 月__　　

福建省劳动和社会保障厅监制

姓名	XXX	身份证号码	XXXXXXXXX	贴照片处
拟申报何职业(工种)、等级		维修电工技师		
从事本职业年限	XX 年	联系电话	XXXXXXXXX	
专业特长简述	配电自动化、电气传动自动化安装与调试及维护、维修			

<table>
<tr><td colspan="5" align="center">主 要 学 历</td></tr>
<tr><td>起止时间</td><td colspan="2">何学校何专业毕 ((肄、结)业</td><td>学历</td><td>证明人</td></tr>
<tr><td>X 年 X 月</td><td colspan="2">X 学校 XX 专业毕业(就业前最高学历)</td><td>初、高中、技校等</td><td>XX</td></tr>
<tr><td>X 年 X 月</td><td colspan="2">X 学校 XX 专业毕业(就业后取得的最高学历)</td><td>同上</td><td>XX</td></tr>
<tr><td colspan="5" align="center">主 要 工 作 简 历</td></tr>
<tr><td>起止时间</td><td colspan="3">何单位从事何职业(工种)工作、任何职务</td><td>证明人</td></tr>
<tr><td>X 年 X 月至
X 年 X 月</td><td colspan="3">XX 单位从事 XX 职业工作及职务</td><td>XX</td></tr>
<tr><td>X 年 X 月至
X 年 X 月</td><td colspan="3">XX 单位从事 XX 职业工作及职务</td><td>XX</td></tr>
<tr><td>X 年 X 月至
X 年 X 月</td><td colspan="3">XX 单位从事 XX 职业工作及职务</td><td>XX</td></tr>
<tr><td rowspan="5">取得职业(工种)职业资格证书、专业技术职称情况</td><td>名称</td><td>等级</td><td>发证单位</td><td>取证时间</td></tr>
<tr><td>电工</td><td>中级</td><td>XX 市供电局</td><td>1990 年 12 月</td></tr>
<tr><td>维修电工</td><td>中级</td><td>XX 市劳动局</td><td>1990 年 12 月</td></tr>
<tr><td>维修电工</td><td>高级</td><td>XX 市劳动和社会保障局</td><td>2005 年 7 月</td></tr>
<tr><td></td><td></td><td></td><td></td></tr>
<tr><td rowspan="4">高新技术培训考核情况</td><td>科目</td><td>成绩</td><td>发证单位</td><td>取证时间</td></tr>
<tr><td></td><td></td><td></td><td></td></tr>
<tr><td></td><td></td><td></td><td></td></tr>
<tr><td></td><td></td><td></td><td></td></tr>
</table>

说明：(1) 申报等级指技师或高级技师；

　　　(2) 高新技术培训考核情况指新工艺、新设备、新知识、新技能培训考核情况。

主　要　工　作　业　绩	
起止时间	近三年完成生产经营任务、革新创造、传授技艺主要成果
XX 年-X-X 至 XX 年-X-X	1. 负责工艺设计、安装高低压开关成套设备共 400 多台，覆盖 40 多建设单位；负责本省高低压开关成套设备售后保引维工作 2. 负责公司高低压开关成套设备销售中相关设备技术、柜体结构、基础尺寸及客户电气设备技改技术等顾问工作，配合签订高低压开关成套设备及客户电气设备技改项目共计近 20 个 3. 改进传统高低压开关成套设备安装工艺流程，执行新工艺安装方法，提高安装生产效率，减少售后维护作业，维护作业更安全，加快工作进度，减少用户停电时间，提高经济效率。如：电气母线的搭接面应平整、清洁、不应有毛刺、连接紧密。但公司现有母线液压加工机床单一油压对母线折弯、冲孔加工过程中易产生裂纹、折皱、变形扭曲，影响母线搭接面造成了铜铝母排浪费。对此采用 PLC 灵活多变的特点加压力传感器和光电接近开关对机床进行改造可根据铜铝母排厚度、角度及物质不同而改变不同油压压力，把原来单一加工改变为三工位多解度进行加工 4. 所带主要部分徒弟中近来参加职业技能鉴定的有： (1) XX 高级工(维修电工)电话：XXXXXXXXXXXXXXX (2) XX 中级工(电工进网操作证)电话：XXXXXXXXXX (3) XX 高级工(维修电工)电话：XXXXXXXXXXXXX (4) XX 中级工(维修电工)电话：XXXXXXXXXXXX (5) XX 高级工(维修电工)电话：XXXXXXXXXXXX

说明：传授技艺情况要求写出所带徒弟的姓名、技术级别、联系电话。

起止时间	近三年本人专业技术水平、业绩、贡献的获奖情况简述
XX 年-X-X 至 XX 年-X-X	近三年本人专业技术水平、业绩、贡献的获奖情况简述 1. 随着微型计算机、超大规模集成电路、新颖的电力半导体器和传感器的出现，以及自动控制理论、计算机辅助设计、自诊断技术和数据通信技术的发展迅速更新体。本人根据以前所学电子电气专业为基础自学和向专业的年轻技术人员学习掌握一些可编程序控制器（PLC）、变频器、过程控制计算机数据通信及变配电站自动化（SA）馈线自动化（FA）的新技术用于工作业务中 2. 近三年来参加一批（部分）项目改造 (1) 选用 MDU —— 2000 分布式微机运动系统，遥测选用集中式交流采样装置对某 110 kV 老变电站进行了无人值班自动化改造后规模为：2 台三线圈主变；35 kV 单母分段，4 回出线；10 kV 单母分段，14 回出线，4 组电容器；共有 8 个控制屏。根据现场情况在中央信号控制屏内设 2 个 DMU —— XK4 子站，上下布置，分别采集中央信号、直流、所用、母分、PT 等有关信号；在 1、2 号主变控制屏内各设 1 个 DMU —— XK4 子站，采集主变三侧的信号及对三侧开关的控制，1 个 DMU —— YT2 子站实现对主变有载开关及中性点地刀的控制及档位信号的采集；在含有 4 个 35 kV 间隔的控制屏内设 1 个 DMU —— XK4 子站；在含 6 个 10 kV 间子隔的控制屏内设 2 个 DMU —— XK4 子站，多出二组作为备用 (2) 采用气动元件的物料搬动系统的结构、气动系统及其 PLC 控制系统对某饲料公司自动化生产线改造：由左右移动气缸、复位进退气缸、升降气缸、夹手或真空吸盘、物料块、传感器、圆柱导轨、支架、底座、微动开关等组成。夹手或真空吸盘可以夹住或吸住物料块，抓取物料的部分采用夹持或吸附式两种形式，选用不同的形式，可分别完成工件的抓取和吸附，以适应不同种类的物料搬运。夹手采用电磁换铁吸合与断开方式夹持物料。夹手或吸盘在升降气缸的作用下可以上下移动；夹手或真空吸盘连同升降气缸在左右移动气缸的作用下沿着圆柱导轨可以左右移动；在复位进退气缸的作用下将物料块送回原始位置，为下一个工作周期准备，以实现循环 (3) 参与公司《智能环保型箱式变电站》项目的设计、研发。（该项目已列入某某市科技局创新项目）低压配电网络一直是供电系统运行可靠性的薄弱环节之一，一些配电变压器和配电线因过载发热、线损率高、电压质量合格率低等，既容易烧毁设备，也容易危及低压电网安全可靠运行，而这些故障却常常被人们忽视。智能环保型箱式变电站内主要部分系统：智能配电监控装置系统构成一般由电源模块、数据采集模块、数据处理及控制模块、显示模块、CPU 模块和通讯模块五大部分组成。模块化的设计使得该系统结构简单、便于维护与升级。仪表在工作时，对低压配电房内低压配电柜的三相电压、三相电流分别取样后，送到放大电路进行缓冲放大，再由 A/D 转换器变成数字信号，送到 CPU 进行处理，CPU 将处理过的数据需要送至显示部分、通讯部分等数据输出单元。通过后台管理软件对数据的统计与计算，工作人员可以根据软件分析结果，及时调整配电网的运行状态，保证电网的安全运行 3. 本人于 XX 年 X 月获 XXX 奖

说明：获奖项目附原件及复印件 1 份。

所 在 单 位 推 荐 意 见

1. 本单位确认申报者 <u>XX</u> 自 <u>XX</u> 年 <u>XX</u> 月至 <u>XX</u> 年 <u>XX</u> 月从事 <u>XXXX</u> 工作，从事本职业工作年限为 <u>XX</u> 年。

2. 本单位确认该同志近三年来在完成生产经营任务、革新创造和传授技艺方面取得以下主要成果：

　　该同志上述内容属实，该同志在三年中参与公司《智能环保型箱式变电站》项目的设计、研发，该项目已入 XX 市科技局创新项目，为公司带来了极大经济效益，同时该同志近三年负责公司所有工艺及标准化工作，在该同志带领下公司工艺水平取得可喜成绩，同时所有工艺标准均已通过 CCC 认证及 IEC 认证。该同志还为我公司培养了三位高级维修电工、两位中级维修电工。

这页是样表！该页必须手写

单位负责人签名(公章)：

XX 年 XX 月 XX 日

劳动保障部门审查意见	
	(公章)：
	年　　　月　　　日

附录 B　数控车削加工及调试常用词汇英汉对照表

1. Absolute coordinate 绝对坐标
2. Accessories 附件、辅助设备
3. Accumulator 累加器
4. Accuracy 准确度
5. Adapter 适配器
6. Adder 加法器
7. Add operation 加法运算
8. Al (Artificial Intelligence)人工智能
9. Alarm 报警
10. Alarm display 报警显示
11. Alarm number 报警号
12. AMP(adjustable machine parameter)可调机床参数
13. Analysis 分析
14. Annunciator 报警器
15. Answerback 响应
16. Application program 应用程序
17. APT(Automatic Programmed Tools)自动编程系统
18. Arc，clockwise 顺时针圆弧
19. Arc，counter clockwise 逆时针圆弧
20. Assembly 装配
21. Automatic cycle 自动循环
22. AUTOPROL (Automatic Program for Lathe)车床自动程序
23. Axial feed 轴向进给
24. Axis 坐标轴、轴
25. Axis interchange 坐标轴交换
26. Backlash compensation 间隙补偿
27. Ball screw pair 滚珠丝杠副
28. Bench mark 基准，基准程序
29. BMI(Basic Machine Interface)机床基本接口
30. BOS(Basic Operating System)基本操作系统
31. BRA(Breaker Alarm)断路器报警
32. Bug 错误、故障
33. Cancel t 作废、删除
34. Canned cycle 固定循环
35. Canned routine 固定程序

36. Cartesian coordinate 笛卡儿坐标
37. Chip conveyer 排屑装置
38. Chip removal system 排屑系统
39. Circular interpolation 圆弧插补
40. CNC lathe 数控车床
41. CNC milling machine 数控铣床
42. CNC turning machine 数控车床
43. Diagnosis 诊断
44. Diagnostic routine 诊断程序
45. Diagnostic test 诊断测试
46. Digital readout 数字显示
47. Drift 漂移
48. Dry run 空运转
49. Edit 编辑
50. Edit mode 编辑方式
51. Editor 编辑器
52. Emergency button 应急按钮
53. Emergency stop 急停
54. EOP(End of Program)程序结束
55. ES(Expert System)专家系统
56. Executive program 执行程序
57. Executive system 执行系统
58. Feedback 反馈
59. Feedrate 进给速度
60. Fixed cycle 固定循环
61. Flexibility 灵敏性、柔性
62. G-code G 代码
63. G-function 准备功能
64. Graphic display function 图形显示功能
65. GT(Group Technology)成组技术
66. Interference 干扰
67. Input/Output device：输入/输出设备
68. Insertion 插入
69. Interface 接口
70. Interpolation 插补
71. Input/output Interface 输入/输出接口
72. Jig mode 手动连续进给方式
73. Jump 转移
74. Keyboard 键盘

75. Longitudinal feed 纵向进给

76. LVAL.(10 w Voltage Alarm)欠电压报警

77. Linear interpolation 直线插补

78. Machine datum 机床参考点

79. Machine home 机床零点

80. Magnetic disc memory 磁盘存储器

81. Main program 主程序

82. Main routine 主程序

83. Maintenance 维修

84. Malfunction 故障

85. Man- machine dialogue 人机对话

86. Manual continuous feed 手动连续进给

87. Manual data input 手动数据输入

88. Manual feed 手动进给

89. Manual feed rate override 手动进给速度倍率

90. Memory 存储器

91. Memory cell 存储单元

92. Mmu 菜单

93. Mode of automatic operation 自动操作方式

94. NC station 数控操作面板

95. NC system 数控系统

96. Nest 嵌套

97. Off-line 脱机，离线

98. Operation 操作，运算

99. Oriented spindle stop 主轴定向停止

100. Origin button 回原点按

101. OS(Operating system)操作系统

102. Output 输出

103. Overheat 过热

104. Overload 过载

105. Overspeed 超速

106. Overtravel 超程

107. Parabolic interpolation 抛物线插补

108. Parameter setting 参数设定

109. Parity check 奇偶校验

参 考 文 献

[1] 辜东莲，陈彩凤. 工学结合一体化课程教学设计荟萃. 北京：北京师范大学出版社，2017.

[2] 韩鸿鸾. 数控车工(技师、高级技师). 北京：机械工业出版社，2008.

[3] 孙德茂. 数控机床车削加工直接编程技术. 北京：机械工业出版社，2005.

[4] 王猛. 机床数控技术应用实习指导. 北京：高等教育出版社，1999.

[5] 赵长明，刘万菊. 数控加工工艺及设备. 北京：高等教育出版社，2003.

[6] 徐宏海. 数控机床刀具及其应用. 北京：化学工业出版社，2005.

[7] 丰飞，董金进，丘友青. 数控车工职业技能鉴定理论复习资料汇编. 福建省龙岩技师学院机械工程系，2018.